by James Richard

# ABSOLUTE VALUE WORKBOOK

*January 2020*

Copyright © 2020

All rights reserved. No part of this publication may be reproduced, distributed, or transmitted in any form or by any means, including photocopying, recording, or other electronic or mechanical methods, without the prior written permission of the publisher, except in the case of brief quotations embodied in critical reviews and certain other noncommercial uses permitted by copyright law. For permission requests, write to the publisher using address below.

delightfulbook@gmail.com

© 2020

# Contents

## THE DERIVATIVE — CHAPTER 16 ............................................. 1

- Definition .............................................................................. 1
- RULES FOR TAKING DERIVATIVE ....................................... 3
- DERIVATIVE OF CLOSED FUNCTIONS ................................ 5
- DERIVATIVE OF COMBINING FUNCTIONS ........................ 6
- DERIVATIVE OF PARAMETRIC FUNCTIONS ....................... 7
- DERIVATIVE OF TRIGONOMETRIC FUNCTIONS ................ 9
- DERIVATIVE OF INVERSE TRIGONOMETRIC FUNCTIONS ... 12
- DERIVATIVE OF LOGARITHMIC FUNCTIONS .................... 14
- DERIVATIVE OF EXPONENTIAL FUNCTIONS ..................... 15
- HIGHER ORDER DERIVATIVES ............................................ 16
- L´ HOSPITAL RULE ............................................................. 18
- TEST WITH SOLUTIONS ..................................................... 20
- QUESTIONS ........................................................................ 34
- Test 1 ................................................................................. 49
- Test 2 ................................................................................. 54
- Test 3 ................................................................................. 59
- Test 4 ................................................................................. 65
- Test 5 ................................................................................. 70
- Test 6 ................................................................................. 75
- Test 7 ................................................................................. 80
- Test 8 ................................................................................. 85
- Test 9 ................................................................................. 90

# THE DERIVATIVE
## Definition:

$$\lim_{x \to x_0} \frac{f(x) - f(x_0)}{x - x_0}$$

This expression is called derivative of $f(x)$ at point $x_0$

$$f'(x) = \frac{df(x)}{dx} = \frac{dy}{dx}$$

The derivative of $f(x)$ at $x = x_0$ can be shown as

$$f'(x_0), \frac{df(x_0)}{dx}, \frac{dy(x_0)}{dx}, y'(x_0)$$

☞ $x - x_0 = h$

$$\Rightarrow x \to x_0 \Leftrightarrow h \to 0$$

$$f'(x_0) = \lim_{h \to 0} \frac{f(x_0 + h) - f(x_0)}{h}$$

☞ $f'(x) = \dfrac{df(x)}{dx} = \dfrac{dy}{dx} = \lim\limits_{h \to 0} \dfrac{f(x+h) - f(x)}{h}$

**Example:**

$f: R \to R$,

$f'(x) = x^3 - 4x^2 + 2x - 3 \Rightarrow f'(2) = ?$

**Solution:**

$$f'(2) = \lim_{x \to 2} \frac{f(x) - f(2)}{x - 2} = \lim_{x \to 2} \frac{x^3 - 4x^2 + 2x - 3 + 7}{x - 2}$$

$$f'(2) = \lim_{x \to 2} \frac{x^3 - 4x^2 + 2x + 4}{x - 2}$$

$$= \lim_{x \to 2} \frac{(x - 2)(x^2 - 2x - 2)}{x - 2}$$

$$f'(2) = \lim_{x \to 2} (x^2 - 2x - 2) = 4 - 4 - 2 = -2$$

$$f'(2) = -2$$

**Example:**

$$f: R \to R, \; f(x) = x^2 - 4x + 4 \Rightarrow f'(x) = \frac{df(x)}{dx} = \;?$$

**Solution:**

$$f'(x) = \lim_{h \to 0} \frac{f(x + h) - f(x)}{h}$$

$$f'(x) = \lim_{h \to 0} \frac{(x^2 + 2hx + h^2) - (4x + 4h) + 4 - x^2 + 4x - 4}{h}$$

$$f'(x) = \lim_{h \to 0} \frac{h(2x - 4 + h)}{h} = 2x - 4$$

$$f'(x) = x^2 - 4x + 4 \Rightarrow f'(x) = 2x - 4$$

# RULES FOR TAKING DERIVATIVE

1. $f(x) = c \Rightarrow f'(x) = 0 \; (c \in R)$

2. $f(x) = x^n \Rightarrow f'(x) = n \cdot x^{n-1}$

3. $(f(x) \cdot g(x))' = (f'(x) \cdot g(x)) + (f(x) \cdot g'(x))$

4. $(f(x) \pm g(x))' = f'(x) \pm g'(x)$

5. $\left(\dfrac{f(x)}{g(x)}\right)' = \dfrac{f'(x) \cdot g(x) - f(x) \cdot g'(x)}{(g(x))^2}$

6. $(k \cdot f(x))' = k \cdot f'(x) \; (k \in R)$

7. $(f^m(x))' = m \cdot f^{m-1}(x) \cdot f'(x)$

8. $(\sqrt[n]{f(x)})' = \dfrac{f'(x)}{n \cdot \sqrt[n]{f^{n-1}(x)}}$

9. $(\sqrt{f(x)})' = \dfrac{f'(x)}{2 \cdot \sqrt{f(x)}}$

10. $|f(x)|' = \dfrac{f'(x) \cdot |f(x)|}{f(x)}$

$|f(x)|' = \begin{cases} f'(x), & f(x) > 0 \\ -f'(x), & f(x) < 0 \end{cases}$

11. $(f(u(x)))' = u'(x) \cdot f'(u(x))$

## Examples:

1. $f(x) = 5 \Rightarrow f'(x) = 0$

2. $f(x) = x \Rightarrow f'(x) = 1$

3. $f(x) = 7x \Rightarrow f'(x) = 7$

4. $f(x) = x^7 \Rightarrow f'(x) = 7x^6$

5. $f(x) = -3x^5 \Rightarrow f'(x) = -15x^4$

6. $f(x) = 2x^3 - 5x^2 + 6x - 7 \Rightarrow f'(x) = 6x^2 - 10x + 6$

7. $f(x) = (x^2 + 2) \cdot (x^3 + x + 1)$

   $f'(x) = 2x \cdot (x^3 + x + 1) + (x^2 + 2) \cdot (3x^2 + 1)$

8. $f(x) = \dfrac{x}{x^2 + 3} \Rightarrow f'(x) = \dfrac{1(x^2 + 3) - 2x(x)}{(x^2 + 3)^2}$

   $= \dfrac{x^2 + 3 - 2x^2}{(x^2 + 3)^2} = \dfrac{3 - x^2}{(x^2 + 3)^2}$

9. $f(x) = \sqrt[5]{x^2 + 2x + 3} \Rightarrow f(x) = (x^2 + 2x + 3)^{1/5}$

   $\Rightarrow f'(x) = (2x + 2) \cdot \dfrac{1}{5}(x^2 + 2x + 3)^{-4/5}$

   $\Rightarrow f'(x) = \dfrac{2(x + 1)}{5 \cdot \sqrt[5]{(x^2 + 2x + 3)^4}}$

10. $f(x) = |x^2 - 5x + 6|$

    $f'(2)$ and $f'(3)$ do not exist because $g(2) = 0$ and $g(3) = 0$

    $f'(1) = ? \Rightarrow f'(x) = 2x - 5 = -3$

# DERIVATIVE OF CLOSED FUNCTIONS

$$F(x,y) = 0 \Rightarrow \frac{dy}{dx} = -\frac{F'_x(x,y)}{F'_y(x,y)}$$

$F'x$ : derivative of $F$ with respect to $x$

$F'y$ : derivative of $F$ with respect to $y$

**Example:**

$$F(x,y) = x^4 \cdot y^3 + 2x^3 + 4xy = 0 \Rightarrow y = \frac{dy}{dx} = ?$$

**Solution:**

$$4x^3 \cdot y^3 + 3y^2 \cdot x^4 \cdot y' + 6x^2 + 4y + 4x \cdot y' = 0$$

$$y'(3x^4 \cdot y^2 + 4x) = -(4x^3 \cdot y^3 + 6x^2 + 4y)$$

$$y' = -\frac{4x^3 \cdot y^3 + 6x^2 + 4y}{3x^4 \cdot y^2 + 4x}$$

# DERIVATIVE OF COMBINING FUNCTIONS

$(gof)'(x) = g'(f(x)) \cdot f'(x)$

**Example:**

$f(x) = 4x^2 + 2$

$g(x) = x^3 - 3$

$\Rightarrow (gof)'(x) = ?$

**Solution:**

$(gof)'(x) = (4x^2 + 2)^3 - 3$

$(gof)'(x) = 3(4x^2 + 2)^2 \cdot 8x$

$\qquad\qquad = 12(2x + 1)^2 \cdot 8x$

$\qquad\qquad = 96x \cdot (2x + 1)^2$

# DERIVATIVE OF PARAMETRIC FUNCTIONS

$$\begin{cases} x = f(t) \\ y = g(t) \end{cases} \Rightarrow \frac{dy}{dx} = \frac{dy}{dt} \cdot \frac{dt}{dx} = \frac{\frac{dy}{dt}}{\frac{dx}{dt}}$$

**Example:**

$$\begin{cases} x = 6t - 3t^2 \\ y = 4t^3 + 3t^2 \end{cases} \Rightarrow \frac{dy}{dx}\bigg|_{t=2} = \ ?$$

**Solution:**

$$f'(x) = \frac{dy}{dx} = \frac{dy}{dt} \cdot \frac{dt}{dx}$$

$$f'(x) = (12t^2 + 6t) \cdot \frac{1}{6 - 6t}$$

$$f'(x) = 6(2t^2 + t) \cdot \frac{1}{6(1 - t)}$$

$$t = 2 \Rightarrow$$

$$x = 12 - 12 = 0$$

$$f'(0) = (8 + 2) \cdot \frac{1}{6(-1)} = -\frac{5}{3}$$

☞ $\begin{cases} x = f(t) \\ y = g(t) \end{cases} \Rightarrow \frac{d^2y}{dx^2} = \frac{d^2y}{dx^2} = \frac{d}{dt}\left(\frac{dy}{dx}\right) \cdot \frac{dt}{dx}$

7

## Example:

$$\begin{cases} x = 3t^2 + 3t \\ y = t^3 - 3t \end{cases} \Rightarrow \left.\frac{d^2y}{dx^2}\right|_{t=1} = ?$$

## Solution:

$$\frac{dy}{dx} = \frac{\dfrac{dy}{dt}}{\dfrac{dx}{dt}} = \frac{3t^2 - 3}{6t + 3} = \frac{t^2 - 1}{2t + 1}$$

$$\frac{d^2y}{dx^2} = \frac{d}{dt}\left(\frac{dy}{dx}\right) \cdot \frac{dt}{dx}$$

$$\frac{d^2y}{dx^2} = \frac{2t(2t + 1) - 2(t^2 - 1)}{(2t + 1)^2} \cdot \frac{1}{6t + 3}$$

$$t = 1 \Rightarrow \frac{d^2y}{dx^2} = \frac{2 \cdot 3 - 2 \cdot 0}{(3)^2} \cdot \frac{1}{9}$$

$$\frac{d^2y}{dx^2} = \frac{6}{81} = \frac{2}{27}$$

# DERIVATIVE OF TRIGONOMETRIC FUNCTIONS

$f(x) = \sin x \Rightarrow f'(x) = \cos x$

$f(x) = \sin(u(x)) \Rightarrow f'(x) = u'(x) \cdot \cos(u(x))$

$f(x) = \sin^n(u(x)) \Rightarrow f'(x) = n \cdot u'(x) \cdot \sin^{n-1}(u(x)) \cdot \cos(u(x))$

$f(x) = \cos x \Rightarrow f'(x) = -\sin x$

$f(x) = \cos(u(x)) \Rightarrow f'(x) = -u'(x) \cdot \sin(u(x))$

$f(x) = \cos^n(u(x)) \Rightarrow f'(x) = -n(u'(x) \cdot \cos^{n-1}(u(x)) \cdot \sin(u(x))$

**Example:**

1. $f(x) = \sin^3(x^2 + x)$

   $\Rightarrow f'(x) = 3(2x+1) \cdot \sin^2(x^2+x) \cdot \cos(x^2+x)$

2. $f(x) = \cos^4(3x) \Rightarrow f'(x) = -4 \cdot 3 \cos^3(3x) \cdot \sin(3x)$

   $\Rightarrow f'(x) = -12 \cos^3(3x) \cdot \sin(3x)$

$f(x) = \tan x \Rightarrow f'(x) = (1 + \tan^2 x) = \sec^2 x$

$f(x) = \tan(u(x)) \Rightarrow f'(x) = u'(x)(1 + \tan^2(u(x)))$

$\qquad\qquad\qquad\qquad = u'(x) \cdot \sec^2(u(x))$

$f(x) = \tan^n(u(x))$

$f'(x) = n \cdot u'(x) \cdot \tan^{n-1}(u(x))(1 + \tan^2(u(x)))$

$\qquad = n \cdot u'(x) \tan^{n-1}(u(x)) \cdot \sec^2(u(x))$

**Examples:**

1. $f(x) = \tan 6x \Rightarrow f'(x) = 6(1 + \tan^2 6x) = 6\sec^2 6x$

2. $f(x) = \tan^3(x^2 - 1)$

    $\Rightarrow f'(x) = 3 \cdot 2x \tan^2(x^2 - 1) \cdot (1 + \tan^2(x^2 - 1))$

    $\Rightarrow f'(x) = 6x \tan^2(x^2 - 1) \cdot \sec^2(x^2 - 1)$

$f(x) = \cot x \Rightarrow f'(x) = -(1 + \cot^2 x) = -\csc^2 x$

$f(x) = \cot(u(x)) \Rightarrow f'(x) = -u'(x)(1 + \cot^2(u(x)))$

$f'(x) = -u'(x) \cdot \csc^2(u(x))$

$f(x) = \cot^n(u(x)) \Rightarrow f'(x) =$

$-n(u'(x)) \cot^{n-1}(u(x)) \cdot (1 + \cot^2(u(x)))$

$\qquad\qquad \Rightarrow f'(x) = -n \cdot (u'(x)) \cot^{n-1}(u(x)) \cdot \csc^2(u(x))$

**Examples:**

1. $f(x) = \cot 4x \Rightarrow f'(x) = -4(1 + \cot^2 4x) = -4\csc^2 4x$

2. $f(x) = \cot^2(x^2 + 3x)$

$\Rightarrow f'(x) = -2(2x+3)\cdot \cot(x^2+3x)\left(1 + \cot^2(x^2+3x)\right)$

$\Rightarrow f'(x) = -2(2x+3)\cdot \cot(x^2+3x)\cdot \csc^2(x^2+3x)$

## DERIVATIVE OF INVERSE TRIGONOMETRIC FUNCTIONS

$f(x) = \arcsin x \qquad \Rightarrow f'(x) = \dfrac{1}{\sqrt{1-x^2}}$

$f(x) = \arcsin(u(x)) \qquad \Rightarrow f'(x) = \dfrac{u'(x)}{\sqrt{1-(u(x))^2}}$

$f(x) = \arccos x \qquad \Rightarrow f'(x) = \dfrac{-1}{\sqrt{1-x^2}}$

$f(x) = \arccos(u(x)) \qquad \Rightarrow f'(x) = \dfrac{-u'(x)}{\sqrt{1-(u(x))^2}}$

$f(x) = \arctan x \qquad \Rightarrow f'(x) = \dfrac{1}{1+x^2}$

$f(x) = \arctan(u(x)) \qquad \Rightarrow f'(x) = \dfrac{u'(x)}{1+(u(x))^2}$

$f(x) = \mathrm{arccot}\, x \qquad \Rightarrow f'(x) = \dfrac{-1}{1+x^2}$

$f(x) = \mathrm{arccot}(u(x)) \qquad \Rightarrow f'(x) = \dfrac{-u'(x)}{1+(u(x))^2}$

**Examples:**

1. $f(x) = \arctan(x^2 + 2x) - \arccos(2x) \Rightarrow f'(0) = \;?$

$$f'(x) = \frac{2x+2}{1+(x^2+2x)^2} - \frac{-2x}{\sqrt{1-(2x)^2}}$$

$$f'(x) = \frac{2(x+1)}{1+(x^2+2x)^2} + \frac{2x}{\sqrt{1-4x^2}}$$

$$f'(0) = \frac{2(0+1)}{1+0^2} + \frac{2\cdot 0}{\sqrt{1-0}} \Rightarrow f'(0) = 2$$

2. $f(x) = \text{arccot}(x^2+2x) - (\arcsin x)^2 \Rightarrow f'\left(\frac{1}{2}\right) = ?$

$$f'(x) = \frac{-(2x+2)}{1+(x^2+2x)^2} - \frac{1}{\sqrt{1-x^2}} \cdot 2\arcsin x$$

$$f'\left(\frac{1}{2}\right) = \frac{-\left(2\cdot\frac{1}{2}+2\right)}{1+\left(\frac{1}{4}+2\cdot\frac{1}{2}\right)^2} - \frac{1}{\sqrt{1-\frac{1}{4}}} \cdot 2\arcsin\frac{1}{2}$$

$$f'\left(\frac{1}{2}\right) = \frac{-3}{1+\frac{25}{16}} - \frac{2}{\sqrt{3}}\cdot 2\cdot\frac{\pi}{6}$$

$$= \frac{-48}{41} - \frac{2\sqrt{3}\,\pi}{9} = -\frac{432+82\sqrt{3}\,\pi}{369}$$

## DERIVATIVE OF LOGARITHMIC FUNCTIONS

$$f(x) = \log_a x \Rightarrow f'(x) = \frac{1}{x \cdot \ln a} = \frac{1}{x} \cdot \log_a e$$

$$f(x) = \log_a (u(x)) \Rightarrow f'(x) = \frac{u'(x)}{u(x) \cdot \ln a} = \frac{u'(x)}{u(x)} \cdot \log_a e$$

$$f(x) = \ln x \Rightarrow f'(x) = \frac{1}{x}$$

$$f(x) = \ln (u(x)) \Rightarrow f'(x) = \frac{u'(x)}{u(x)}$$

**Examples:**

1. $f(x) = \log_5 (x^2 + 4x) \Rightarrow f'(2) = ?$

$$f'(x) = \frac{2x + 4}{x^2 + 4x} \log_5 e \Rightarrow f'(2) = \frac{8}{12} \log_5 e$$

$$\Rightarrow f'(2) = \frac{2}{3} \log_5 e$$

2. $f(x) = \ln (x^3 + 6x) \Rightarrow f'(1) = ?$

$$f'(x) = \frac{3x^2 + 6}{x^3 + 6x} \Rightarrow f'(1) = \frac{3\cdot 1 + 6}{1 + 6} = \frac{9}{7}$$

## DERIVATIVE OF EXPONENTIAL FUNCTIONS

$f(x) = e^x \Rightarrow f'(x) = e^x$

$f(x) = e^{u(x)} \Rightarrow f'(x) = u'(x)\cdot e^{u(x)}$

$f(x) = a^x \Rightarrow f'(x) = a^x\cdot \ln a = \dfrac{1}{\log_a e}\cdot a^x$

$f(x) = a^{u(x)} \Rightarrow f'(x) = u'(x)\cdot a^{u(x)}\cdot \ln a = \dfrac{u'(x)}{\log_a e} a^{u(x)}$

**Examples:**

1. $f(x) = e^{\ln x} \Rightarrow f'(e) = ?$

$f(x) = e^{\ln x} \Rightarrow f'(x) = \dfrac{1}{x}\cdot e^{\ln x}$

$f'(e) = \dfrac{1}{e}\cdot e^{\ln e} = \dfrac{1}{e}\cdot e = 1$

2. $f(x) = 5^{x^2 + 4} \Rightarrow f'(x) = ?$

$f'(x) = 2x \cdot 5^{x^2+4} \cdot \ln 5$

## HIGHER ORDER DERIVATIVES

$y' = f'(x)$      1. $1^{st}$ order derivative

$y'' = f''(x)$      2. $2^{nd}$ order derivative

$y''' = f'''(x)$      3. $3^{rd}$ order derivative

.

.

.

$y^{(n)} = f^{(n)}(x)$    n. $n^{th}$ order derivative

**Example:**

$f(x) = x^3 + 4x^2 - 2x + 6 \Rightarrow f'''(x) = ?$

**Solution:**

$f'(x) = 3x^2 + 8x - 2 \Rightarrow f''(x) = 6x + 8 \Rightarrow f'''(x) = 6$

**Example:**

$f(x,y) = x^2 + y^2 - 9 = 0 \Rightarrow f''(x,y) = ?$

**Solution:**

$$y' = f'(x) = \frac{-2x}{2y} = \frac{-x}{y}$$

$$y'' = f''(x) = \frac{-1 \cdot y - xy'}{y^2}$$

$$= \frac{-y + x\left(\frac{-x}{y}\right)}{y^2} = \frac{-y^2 - x^2}{y^3}$$

$$= -\frac{x^2 + y^2}{y^3}$$

## L´ HOSPITAL RULE

If $\lim\limits_{x \to x_0} \dfrac{f(x)}{g(x)}$ is equal to $\dfrac{0}{0}$ or $\dfrac{\infty}{\infty}$, derivatives of

numerator and denominator

are taken separately

$$\lim_{x \to x_0} \frac{f(x)}{g(x)} = \lim_{x \to x_0} \frac{f'(x_0)}{g'(x_0)}$$

If the limit $\lim\limits_{x \to x_0} \dfrac{f'(x_0)}{g'(x_0)}$ regives the same uncertainity

, apply the rule again,

that is, take the $2^{nd}$ derivative.

**Examples:**

1. $\lim\limits_{x \to 8} \dfrac{\sqrt{x} - 2\sqrt{2}}{\sqrt[3]{x} - 2} = \lim\limits_{x \to 8} \dfrac{\sqrt{8} - 2\sqrt{2}}{\sqrt[3]{x} - 2}$

$$= \dfrac{2\sqrt{2} - 2\sqrt{2}}{2 - 2} = \dfrac{0}{0}$$

$$\lim\limits_{x \to 8} \dfrac{(\sqrt{x} - 2\sqrt{2})}{(\sqrt[3]{x} - 2)} = \lim\limits_{x \to 8} \dfrac{\dfrac{1}{2\sqrt{x}}}{\dfrac{1}{3 \cdot \sqrt[3]{x^2}}}$$

$$= \dfrac{1}{2\sqrt{8}} \cdot \dfrac{3\sqrt[3]{8}}{1} = \dfrac{3\sqrt{2}}{4}$$

2. $\lim\limits_{x \to 0} = \dfrac{e^{\ln x} - e}{ln(\ln x)}$

$$= \lim\limits_{x \to 0} \dfrac{e^{\ln x} - e}{ln(\ln x)}$$

$$= \dfrac{e - e}{ln(\ln e)} = \dfrac{0}{\ln 1} = \dfrac{0}{0}$$

$$\lim\limits_{x \to 0} \dfrac{e^{\ln x} - e}{ln(\ln x)}$$

$$= \lim\limits_{x \to 0} \dfrac{\dfrac{1}{x} e^{\ln x}}{\dfrac{1}{x} \cdot \dfrac{1}{\ln x}} = \dfrac{\dfrac{1}{e}}{\dfrac{1}{e} \cdot 1} = e$$

## TEST WITH SOLUTIONS

1. $f(x) = 2x^3 - 5x^2 + 4x - 7 \Rightarrow f'(x) = ?$

   A) $3x^2 - 5x - 4$    B) $6x^2 - 10x + 4$    C) $6x^2 - 10x - 7$

   D) $3x^2 - 5x + 4$    E) $x^3 - x^2 + 4$

   **Solution:**

   $f(x) = 2x^3 - 5x^2 + 4x - 7$

   $f(x) = 6x^2 - 10x + 4$

   Correct Answer - B

2. $f(x) = (x^2 - 1) \cdot (2x^2 - 3x + 1) \Rightarrow f'(2) = ?$

   A) 21    B) 24    C) 27    D) 30    E) 33

   **Solution:**

$$f'(x) = (x^2 - 1)' \cdot (2x^2 - 3x + 1) + (2x^2 - 3x + 1)' \cdot (x^2 - 1)$$

$$= 2x \cdot (2x^2 - 3x + 1) + (4x - 3) \cdot (x^2 - 1)$$

$$f'(2) = 2 \cdot 2(2 \cdot 2^2 - 3 \cdot 2 + 1) + (4 \cdot 2 - 3) \cdot (2^2 - 1)$$

$$= 4 \cdot (8 - 6 + 1) + (8 - 3) \cdot (4 - 1)$$

$$= 4 \cdot 3 + 5 \cdot 3$$

$$= 12 + 15$$

$$= 27$$

**Correct Answer - C**

3. $f(x) = \dfrac{x^2 - 3}{3x + 1} \Rightarrow f'(-1) = ?$

A) 1  B) $\dfrac{3}{2}$  C) 2  D) $\dfrac{5}{2}$  E) 3

**Solution:**

$$f'(x) = \frac{(x^2 - 3)'(3x + 1) - (3x + 1)' \cdot (x^2 - 3)}{(3x + 1)}$$

$$f'(x) = \frac{2 \cdot x(3x + 1) - 3 \cdot (x^2 - 3)}{(3x + 1)^2}$$

$$f'(x) = \frac{6x^2 + 2x - 3x^2 + 9}{(3x + 1)^2}$$

$$f'(-1) = \frac{3 \cdot (-1)^2 + 2 \cdot (-1) + 9}{(3 \cdot (-1) + 1)^2}$$

$$= \frac{3 - 2 + 9}{(-2)^2}$$

$$= \frac{10}{4}$$

$$= \frac{5}{2}$$

**Correct Answer - D**

4. $f(x) = \frac{x^3 - 1}{x} \Rightarrow f'(x) = ?$

A) $3x + \frac{1}{x}$    B) $2x + \frac{1}{x^2}$    C) $3x - \frac{1}{x^2}$

D) $4x + \frac{1}{x^2}$    E) $3x + \frac{1}{x^2}$

**Solution:**

$$f(x) = \frac{x^3 - 1}{x}$$

$$f(x) = \frac{x^3}{x} - \frac{1}{x}$$

$$f(x) = x^2 - x^{-1}$$

$$f'(x) = 2x + x^{-2}$$

$$f'(x) = 2x + \frac{1}{x^2}$$

**Correct Answer - B**

5. $f(x) = (x^4 - 2x)^5 \Rightarrow f'(1) = ?$

   A) 10　　B) 12　　C) 14　　D) 16　　E) 18

**Solution:**

$f(x) = (x^4 - 2x)^5$

$f'(x) = 5 \cdot (x^4 - 2x)^4 \cdot (x^4 - 2x)'$

$\quad\quad = 5 \cdot (x^4 - 2x)^4 \cdot (4x^3 - 2)$

$f'(1) = 5 \cdot (1^4 - 2 \cdot 1)^4 \cdot (4 \cdot 1^3 - 2)$

$\quad\quad = 5 \cdot (-1)^4 \cdot 2$

$\quad\quad = 5 \cdot 1 \cdot 2$

$\quad\quad = 10$

**Correct Answer - A**

6. $f(x) = \sqrt[3]{x^2 - 3} \Rightarrow f'(2) = ?$

   A) $\dfrac{1}{5}$　　B) $\dfrac{4}{3}$　　C) $\dfrac{1}{2}$　　D) 1　　E) 2

**Solution:**

$f(x) = \sqrt[3]{x^2 - 3} = (x^2 - 3)^{1/3}$

$f'(x) = \dfrac{1}{3}(x^2 - 3)^{-2/3} \cdot (x^2 - 3)'$

$$f'(x) = \frac{1}{3}(x^2 - 3)^{-2/3} \cdot (2x)$$

$$f'(2) = \frac{1}{3} \cdot (2^2 - 3)^{-2/3} \cdot 2 \cdot 2$$

$$= \frac{1}{3} \cdot 1 \cdot 2 \cdot 2$$

$$= \frac{4}{3}$$

Correct Answer - B

7. $x^2 + 2xy - y^2 = 0 \Rightarrow \dfrac{dy}{dx} = ?$

A) $\dfrac{x-y}{y}$  B) $\dfrac{y-x}{x+y}$  C) $\dfrac{x+y}{y-x}$

D) $\dfrac{x+y}{x-y}$  E) $\dfrac{x-y}{x+y}$

Solution:

$x^2 + 2xy - y^2 = 0$

$$\dfrac{dy}{dx} = -\dfrac{2x + 2y}{2x - 2y}$$

$$= -\dfrac{2 \cdot (x+y)}{2 \cdot (x-y)}$$

$$= \dfrac{x+y}{y-x}$$

**Correct Answer - C**

8. $f(4) = -3, f'(4) = 2$ and $g'(-3) = -5$

$\Rightarrow (gof)'(4) = ?$

A) $-16$  B) $-14$  C) $-12$  D) $-10$  E) $-8$

**Solution:**

$(gof)'(x) = g'(f(x)) \cdot f'(x)$

$(gof)'(4) = g'(f(4)) \cdot f'(4)$

$\qquad = g'(-3) \cdot 2$

$\qquad = (-5) \cdot 2$

$\qquad = -10$

**Correct Answer - D**

9. $y = 3x^2 - 1, z = 2y^3 + 4 \Rightarrow \dfrac{dz}{dx} = ?$

A) $36x(3x^2-1)^2$   B) $6x \cdot (3x^2-1)^2$   C) $36 \cdot (x^2-1)^2$

D) $x(3x^2-1)^2$   E) $18x(3x^2-1)$

**Solution:**

$\dfrac{dz}{dx} = \dfrac{dz}{dy} \cdot \dfrac{dy}{dx}$

$\qquad = 6y^2 \cdot 6x$

$$= 36 \cdot y^2 \cdot x$$

$$= 36x \cdot (3x^2 - 1)^2 \cdot x$$

Correct Answer - A

10. $\begin{cases} x = 4t - t^2 \\ y = 2t^2 + t \end{cases} \Rightarrow \dfrac{dy}{dx} = ?$

A) $\dfrac{2t + 4}{4t - 2}$   B) $\dfrac{4t - 1}{2t + 4}$   C) $\dfrac{4t + 1}{4 - 2t}$

D) $\dfrac{2t - 4}{4t + 1}$   E) $\dfrac{t^2 - 1}{4 + 2t}$

**Solution:**

$$\frac{dy}{dx} = \frac{\frac{dy}{dt}}{\frac{dx}{dt}}$$

$$= \frac{4t + 1}{4 - 2t}$$

Correct Answer - C

11. $f(x) = \sin(3x + 2) \Rightarrow f'(x) = ?$

A) $-2\cos(3x + 2)$   B) $2\cos(3x + 2)$   C) $2\sin(3x + 2)$

D) $3\cdot\cos(3x + 2)$   E) $-3\cdot\cos(3x + 2)$

**Solution:**

$f(x) = \sin(3x + 2)$

$f'(x) = \cos(3x + 2) \cdot 3$

$\quad = 3 \cdot \cos(3x + 2)$

**Correct Answer - D**

12. $f(x) = \cos^2(3x) \Rightarrow f'\left(\dfrac{\pi}{6}\right) = ?$

A) $-\dfrac{1}{4}$   B) $-\dfrac{1}{2}$   C) 0   D) $\dfrac{1}{2}$   E) $\dfrac{1}{4}$

**Solution:**

$f(x) = \cos^2(3x)$

$f'(x) = 2\cos(3x) \cdot ((\cos 3x))'$

$\quad = 2 \cdot \cos(3x) \cdot (-\sin(3x) \cdot 3)$

$\quad = -6 \cdot \cos 3x \cdot \sin 3x$

$\quad = -3 \cdot 2 \cdot \sin(3x) \cdot \cos(3x),$

$\sin 2\alpha = 2 \cdot \sin\alpha \cos\alpha$

$\quad = -3 \cdot \sin(6x)$

$f'\left(\dfrac{\pi}{6}\right) = -3 \cdot \sin\left(6 \cdot \dfrac{\pi}{6}\right)$

$\quad = -3 \cdot \sin(\pi)$

$\quad = -3 \cdot 0$

= 0

**Correct Answer - C**

13. $f(x) = \tan 4x + \cot 2x \Rightarrow f'\left(\dfrac{2\pi}{3}\right) = ?$

A) $\dfrac{32}{3}$   B) 11   C) $\dfrac{35}{3}$   D) 13   E) $\dfrac{40}{3}$

**Solution:**

$f(x) = \tan 4x + \cot 2x$

$f'(x) = (1 + \tan^2 4x)\cdot 4 - (1 + \cot^2 2x)\cdot 2$

$f'\left(\dfrac{2\pi}{3}\right) = \left(1 + \tan^2 \dfrac{8\pi}{3}\right)\cdot 4 - (1 + \cot^2 2x)\cdot 2$

$= \left(1 + \tan^2 \dfrac{2\pi}{3}\right)\cdot 4 - \left(1 + \cot^2 \dfrac{4\pi}{3}\right)\cdot 2$

$= (1 + (-\sqrt{3})^2)\cdot 4 - \left(1 + \left(\dfrac{1}{\sqrt{3}}\right)^2\right)\cdot 2$

$= (1 + 3)\cdot 4 - \left(1 + \dfrac{1}{3}\right)\cdot 2$

$= 16 - \dfrac{8}{3}$

$= \dfrac{40}{3}$

**Correct Answer - E**

14. $f(x) = \sin^3 2x \Rightarrow f'\left(\dfrac{\pi}{4}\right) = ?$

A) $-\dfrac{\sqrt{3}}{2}$   B) $-\dfrac{1}{2}$   C) 0   D) $\dfrac{1}{2}$   E) $\dfrac{\sqrt{3}}{2}$

**Solution:**

$f(x) = \sin^3 2x$

$f'(x) = 3 \cdot \sin^2 2x \cdot \cos 2x \cdot 2$

$f'\left(\dfrac{\pi}{4}\right) = 3 \cdot \sin^2 \dfrac{\pi}{2} \cdot \cos \dfrac{\pi}{2} \cdot 2$

$\qquad = 0$

**Correct Answer - C**

15. $f(x) = \arctan(x^2 - 1) \Rightarrow f'(2) = ?$

A) $\dfrac{2}{5}$   B) $\dfrac{3}{5}$   C) $\dfrac{4}{5}$   D) 1   E) $\dfrac{6}{5}$

**Solution:**

$f'(x) = \dfrac{2x}{1 + (x^2 - 1)^2}$

$f'(2) = \dfrac{4}{1 + (2^2 - 1)^2}$

$\qquad = \dfrac{4}{10} = \dfrac{2}{5}$

**Correct Answer - A**

16. $f(x) = \arctan x + (\arccos x)^2 \implies f'(0) = ?$

   A) $1 + \pi$  B) $1 - \pi$  C) $2 + \pi$

   D) $2 - \pi$  E) $3 + \pi$

**Solution:**

$f(x) = \arctan x + (\arccos x)^2$

$f'(x) = \dfrac{1}{1+x^2} + 2\cdot(\arccos x)\cdot\left(-\dfrac{1}{\sqrt{1+x^2}}\right)$

$f'(0) = \dfrac{1}{1+0} + 2\cdot(\arccos 0)\cdot\left(-\dfrac{1}{\sqrt{1+0}}\right)$

$f'(0) = 1 + 2\cdot\dfrac{\pi}{2}\cdot(-1)$

$= 1 - \pi$

**Correct Answer - B**

17. $f(x) = \ln(x^2 + 3x) \implies f'(x) = ?$

   A) $\dfrac{2x+2}{x^2+2x}$  B) $\dfrac{2}{x+3x^2}$  C) $\dfrac{2x+3}{x^2+3x}$

   D) $\dfrac{2x+3}{x+3}$  E) $\dfrac{2x}{x^2+3}$

**Solution:**

$$f'(x) = \frac{2x+3}{x^2+3x}$$

Correct Answer - C

18. $f(x) = \ln(\cos x) \implies f'(x) = ?$

    A) $\sin x$     B) $\cot x$     C) $-\cot x$

    D) $-\tan x$     E) $\tan x$

**Solution:**

$f(x) = \ln(\cos x)$

$$f'(x) = \frac{-\sin x}{\cos x}$$

$f'(x) = -\tan x$

Correct Answer - D

19. $f(x) = \log_5(x^2 - 2) \implies f'(5) = ?$

    A) $\dfrac{13}{5\ln 5}$     B) $\dfrac{23}{2\cdot \ln 5}$     C) $\dfrac{13}{\ln 5}$

    D) $\dfrac{2}{5\cdot \ln 5}$     E) $\dfrac{10}{23\cdot \ln 5}$

**Solution:**

$f(x) = \log_5(x^2 - 2)$

$$f'(x) = \frac{2x}{(x^2 - 2) \cdot \ln 5}$$

$$f'(5) = \frac{2 \cdot 5}{(5^2 - 2) \cdot \ln 5}$$

$$= \frac{10}{23 \cdot \ln 5}$$

**Correct Answer - E**

20. $f(x) = \ln(\cosec x + \cot x) \Rightarrow f'(x) = ?$

A) $\dfrac{\cot x + \sin x}{\sin x - 1}$  B) $\dfrac{\sin x}{\sin x - 1}$  C) $\dfrac{\cos x}{\cos x - 1}$

D) $\sec x$  E) $-\cosec x$

**Solution:**

$f(x) = \ln(\cosec x + \cot x)$

$f(x) = \ln\left(\dfrac{1}{\sin x} + \dfrac{\cos x}{\sin x}\right)$

$f(x) = \ln\left(\dfrac{1 + \cos x}{\sin x}\right)$

$f'(x) = \dfrac{\left(\dfrac{1 + \cos x}{\sin x}\right)'}{\dfrac{1 + \cos x}{\sin x}}$

$$= \frac{\frac{-\sin x \cdot \sin x - \cos x \cdot (1 + \cos x)}{(\sin x)^2}}{\frac{1 + \cos x}{\sin x}}$$

$$= \frac{-\sin^2 x - \cos x - \cos^2 x}{\sin^2 x} \cdot \frac{\sin x}{1 + \cos x}$$

$$= \frac{(-1 - \cos x) \cdot \sin x}{\sin^2 x \cdot (1 + \cos x)}$$

$$= \frac{-(1 + \cos x) \cdot \sin x}{\sin^2 x (1 + \cos x)}$$

$$= -\frac{1}{\sin x}$$

$$= -\cosec x$$

**Correct Answer - E**

21. $f(x) = e^{x^2 + 1} \Rightarrow f'(1) = ?$

A) $\dfrac{e^2}{2}$   B) $3e$   C) $2e^2$   D) $2e$   E) $3e^2$

**Solution:**

$f(x) = e^{x^2 + 1}$

$f'(x) = e^{x^2 + 1} \cdot 2x$

$f'(1) = e^2 \cdot 2$

$f'(1) = 2 \cdot e^2$

Correct Answer - C

22. $f(x) = 5^{\cos x} \Rightarrow f'\left(\dfrac{\pi}{2}\right) = ?$

   A) $\ln\dfrac{1}{5}$   B) $\ln 5$   C) $\ln\dfrac{2}{5}$

   D) $\ln 25$   E) $\ln\dfrac{3}{5}$

**Solution:**

$f(x) = 5^{\cos x}$

$f'(x) = 5^{\cos x} \cdot (-\sin x) \cdot \ln 5$

$f'\left(\dfrac{\pi}{2}\right) = 5^{\cos\frac{\pi}{2}} \cdot \left(-\sin\dfrac{\pi}{2}\right) \cdot \ln 5$

$f'\left(\dfrac{\pi}{2}\right) = 5^0 \cdot (-1) \cdot \ln 5$

$\qquad = -\ln 5$

$\qquad = \ln\dfrac{1}{5}$

Correct Answer - A

23. $f(x) = x^2 + 3x - 5 \Rightarrow f''(x) = ?$

   A) 2   B) 3   C) 4   D) 5   E) 6

**Solution:**

$f(x) = x^2 + 3x - 5$

$f'(x) = 2x + 3$

$f''(x) = 2$

**Correct Answer - A**

## QUESTIONS

1. $f: R \to R, f(x) = \sqrt{x^2 + 4x + 3}$

$\Rightarrow \dfrac{df(x)}{dx} = f'(x) = ?$

A) $\dfrac{2x+4}{\sqrt{2x+4}}$  B) $\dfrac{2x+4}{\sqrt{x^2+4x+3}}$  C) $\dfrac{x+2}{\sqrt{x^2+4x+3}}$

D) $(x+2) \cdot \sqrt{x^2+4x+3}$

E) $(x^2 + 4x + 3)\sqrt{2x+4}$

**Solution:**

$f(x) = \sqrt{x^2 + 4x + 3}$

$\dfrac{df(x)}{dx} = f'(x) = \dfrac{2x+4}{2\sqrt{x^2+4x+3}}$

$= \dfrac{2 \cdot (x+2)}{2 \cdot \sqrt{x^2+4x+3}}$

$= \dfrac{x+2}{\sqrt{x^2+4x+3}}$

**Correct Answer - C**

2. $f(x) = \dfrac{ax^2 + b}{bx + a} \Rightarrow \dfrac{df(x)}{dx} = f'(x)$

$f'(0) = -4 \Rightarrow \dfrac{b^2}{a^2} = ?$

A) $\dfrac{1}{2}$   B) 1   C) 2   D) 3   E) 4

**Solution:**

$f(x) = \dfrac{ax^2 + b}{bx + a}$

$\dfrac{df(x)}{dx} = f'(x) = \dfrac{2ax \cdot (bx + a) - b \cdot (ax^2 + b)}{(bx + a)^2}$

$f'(0) = \dfrac{2 \cdot a \cdot 0 (b \cdot 0 + a) - b \cdot (a \cdot 0 + b)}{(b \cdot 0 + a)^2}$

$= \dfrac{-b^2}{a^2} = -4 \Rightarrow \dfrac{b^2}{a^2} = 4$

**Correct Answer - E**

3. $f(x) = ax^2 - bx \Rightarrow \dfrac{df(x)}{dx} = f'(x)$

$f'(0) = -3 \quad \Rightarrow \quad f'(b) = ?$

A) $2a - 3$   B) $3a - 2$   C) $2a + 3$

D) $3a + 2$   E) $6a - 3$

**Solution:**

$f(x) = ax^2 - bx$

$\dfrac{df(x)}{dx} = f'(x) = 2ax - b$

$f'(0) = 2 \cdot a \cdot 0 - b$

$-b = -3$

$f'(b) = f'(3)$

$\quad = 2 \cdot a \cdot 3 - 3$

$\quad = 6a - 3$

**Correct Answer - E**

4. $f(x) = \dfrac{\sin x}{1 + \cos x} \Rightarrow \dfrac{df(x)}{dx} = f'(x) = ?$

A) $\dfrac{1}{\cos x + 1}$   B) $\dfrac{\cos x}{1 + \sin x}$   C) $\dfrac{1}{\sin x}$

D) $\cos x$   E) $\sin x$

**Solution:**

$f(x) = \dfrac{\sin x}{1 + \cos x}$

$$\frac{df(x)}{dx} = f'(x) = \frac{\cos x(1+\cos x) - (-\sin x)\cdot \sin x}{(1+\cos x)^2}$$

$$= \frac{\cos x + \cos^2 x + \sin^2 x}{(1+\cos x)^2}$$

$$= \frac{\cos x + 1}{(1+\cos x)^2}$$

$$= \frac{1}{1+\cos x}$$

**Correct Answer - A**

5. $f(x) = 2\sin x - \cos x \Rightarrow \frac{d}{dx}f\left(\frac{\pi}{4}\right) = f'\left(\frac{\pi}{4}\right) = ?$

A) 2    B) $\frac{3}{2}$    C) $\frac{3\sqrt{2}}{2}$    D) $2\sqrt{2}$    E) $\sqrt{2}$

**Solution:**

$f(x) = 2\sin x - \cos x$

$f'(x) = 2\cdot \cos x - (-\sin x)$

$\qquad = 2\cos x + \sin x$

$f'\left(\frac{\pi}{4}\right) = 2\cdot \cos\frac{\pi}{4} + \sin\frac{\pi}{4}$

$\qquad = 2\cdot \frac{\sqrt{2}}{2} + \frac{\sqrt{2}}{2}$

$$= \frac{3\sqrt{2}}{2}$$

**Correct Answer - C**

6. $f(x) = (2x^3 + 3x^2)e^{-2x} \Rightarrow e^{2x}\dfrac{df(x)}{2dx} = ?$

A) $3(x^2 + x)$      B) $x^3 + x^2$      C) $3x - 2x^3$

D) $6 \cdot (x^2 + x) \cdot e^{-2x}$      E) $6 \cdot (x^2 + x) \cdot e^{2x}$

**Solution:**

$f(x) = (2x^3 + 3x^2) \cdot e^{-2x}$

$\dfrac{df(x)}{2dx} = (6x^2 + 6x) \cdot e^{-2x} + e^{-2x} \cdot (-2) \cdot (2x^3 + 3x^2)$

$\phantom{\dfrac{df(x)}{2dx}} = (6x^2 + 6x) \cdot e^{-2x} - 2 \cdot (2x^3 + 3x^2) \cdot e^{-2x}$

$\phantom{\dfrac{df(x)}{2dx}} = e^{-2x} \cdot (6x^2 + 6x - 2) \cdot (2x^3 + 3x^2))$

$\phantom{\dfrac{df(x)}{2dx}} = e^{-2x} \cdot (6x^2 + 6x - 4x^3 - 6x^2)$

$\phantom{\dfrac{df(x)}{2dx}} = e^{-2x} \cdot (6x - 4x^3)$

$e^{2x} \cdot \dfrac{df(x)}{2dx} = \dfrac{e^{2x} \cdot e^{-2x} \cdot (6x - 4x^3)}{2}$

$\phantom{e^{2x} \cdot \dfrac{df(x)}{2dx}} = \dfrac{6x - 4x^3}{2}$

$$= \frac{2(3x - 2x^3)}{2}$$

$$= 3x - 2x^3$$

**Correct Answer - C**

7. $x = 3 \cdot t^2 + 6 \cdot t$, $y = 2 \cdot t^3 - 6 \cdot t \Rightarrow \dfrac{dy}{dx} = ?$

A) $t$  B) $t - 1$  C) $t + 1$  D) $\dfrac{t-1}{t+1}$  E) $\dfrac{t+1}{t-1}$

**Solution:**

$\begin{cases} x = 3t^2 + 6 \cdot t \\ y = 2t^3 - 6 \cdot t \end{cases} \Rightarrow \dfrac{dy}{dx} = \dfrac{\frac{dy}{dt}}{\frac{dx}{dt}}$

$$= \frac{6 \cdot t^2 - 6}{6 \cdot t + 6}$$

$$= \frac{6 \cdot (t^2 - 1)}{6 \cdot (t + 1)}$$

$$= \frac{(t-1) \cdot (t+1)}{t+1}$$

$$= t - 1$$

**Correct Answer - B**

8. $x = e^{3t} \cdot \cos t$, $y = e^{3t} \sin t \Rightarrow \dfrac{dy}{dx}\left(\dfrac{\pi}{4}\right) = ?$

A) – 4     B) – 2     C) 2     D) 3     E) 4

**Solution:**

$$\begin{cases} x = e^{3t} \cdot \cos t \\ y = e^{3t} \cdot \sin t \end{cases} \Rightarrow \frac{dy}{dx} = \frac{\frac{dy}{dt}}{\frac{dx}{dt}}$$

$$= \frac{e^{3t} \cdot 3 \cdot \sin t + \cos t \cdot e^{3t}}{e^{3t} \cdot 3 \cdot \cos t - \sin t \cdot e^{3t}}$$

$$= \frac{e^{3t} \cdot (3 \sin t + \cos t)}{e^{3t} \cdot (3 \cos t - \sin t)}$$

$$\frac{dy}{dx}\left(\frac{\pi}{4}\right) = \frac{3 \cdot \sin\frac{\pi}{4} + \cos\frac{\pi}{4}}{3 \cdot \cos\frac{\pi}{4} - \sin\frac{\pi}{4}}$$

$$= \frac{3 \cdot \frac{\sqrt{2}}{2} + \frac{\sqrt{2}}{2}}{3 \cdot \frac{\sqrt{2}}{2} - \frac{\sqrt{2}}{2}} = \frac{\frac{4\sqrt{2}}{2}}{\frac{2\sqrt{2}}{2}} = 2$$

**Correct Answer - C**

9. $f(x) = x \cdot \sqrt{x^2 + 2x - 3} \Rightarrow \sqrt{5}\, f'(2) = ?$

A) – 3     B) – 2     C) 8     D) 10     E) 11

**Solution:**

$f(x) = x \cdot \sqrt{x^2 + 2x - 3}$

$f'(x) = 1 \cdot \sqrt{x^2 + 2x - 3} + \dfrac{2x + 2}{2\sqrt{x^2 + 2x - 3}} \cdot x$

$f'(x) = \sqrt{x^2 + 2x - 3} + \dfrac{2(x + 1) \cdot x}{2\sqrt{x^2 + 2x - 3}}$

$f'(x) = \sqrt{x^2 + 2x - 3} + \dfrac{(x + 1) \cdot x}{\sqrt{x^2 + 2x - 3}}$

$f'(2) = \sqrt{2^2 + 2 \cdot 2 - 3} + \dfrac{(2 + 1) \cdot 2}{\sqrt{2^2 + 2 \cdot 2 - 3}}$

$f'(2) = \sqrt{5} + \dfrac{6}{\sqrt{5}}$

$\sqrt{5} \cdot f'(2) = \sqrt{5} \cdot \left(\sqrt{5} + \dfrac{6}{\sqrt{5}}\right) = 5 + 6 = 11$

**Correct Answer - E**

10. $x = t + \dfrac{1}{t}$, $y = t^2 - \dfrac{2}{t}$, $t = 2 \Rightarrow \dfrac{dy}{dx} = ?$

A) 6    B) 4    C) 2    D) – 2    E) – 4

**Solution:**

$$\begin{cases} x = t + \dfrac{1}{t} \\ y = t^2 - \dfrac{2}{t} \end{cases} \Rightarrow \dfrac{dy}{dx} = \dfrac{\dfrac{dy}{dt}}{\dfrac{dx}{dt}}$$

$$= \dfrac{2 \cdot t + \dfrac{2}{t^2}}{1 - \dfrac{1}{t^2}}$$

$$= \dfrac{\dfrac{2 \cdot t^3 + 2}{t^2}}{\dfrac{t^2 - 1}{t^2}}$$

$$= \dfrac{2 \cdot t^3 + 2}{t^2 - 1}$$

$$t = 2 \Rightarrow \dfrac{dy}{dx} = \dfrac{2 \cdot 2^3 + 2}{2^2 - 1} = \dfrac{18}{3} = 6$$

Correct Answer - A

11. $\dfrac{1}{\sin 2x} \cdot \dfrac{d}{dx}(\sin^2 x) = ?$

A) $\sin x$  B) $\cos x$  C) $\cos 2x$  D) $-1$  E) $1$

**Solution:**

$$\frac{1}{\sin 2x} \cdot \frac{d}{dx}(\sin^2 x) = \frac{1}{\sin 2x} \cdot 2 \cdot \sin x \cdot \cos x$$

$$= \frac{1}{\sin 2x} \cdot \sin 2x$$

$$= 1$$

**Correct Answer - E**

12. $x = 2t - \frac{1}{2}$, $y = t^2 + 2$ $\Rightarrow \frac{d^2y}{dx^2} = ?$

A) 1    B) $\frac{1}{2}$    C) $\frac{1}{3}$    D) $\frac{3}{4}$    E) $\frac{7}{5}$

**Solution:**

$\begin{cases} x = 2 \cdot t - \frac{1}{2} \\ y = t^2 + 2 \end{cases} \Rightarrow \frac{d^2y}{dx^2} = \frac{d}{dx}\left(\frac{dy}{dx}\right)$

$= \frac{d}{dx}\left(\frac{\frac{dy}{dt}}{\frac{dx}{dt}}\right)$

$= \frac{d}{dx}\left(\frac{2 \cdot t}{2}\right)$

$= \frac{d}{dx}(t) = \frac{1}{2}$

Correct Answer - B

13. $y = e^{2t}, x = \cos e^{2t} \Rightarrow \dfrac{dy}{dx} = ?$

A) $\cos 2x$    B) $\sin 2x$    C) $\sin x$

D) $\dfrac{1}{\sin(\arcsin x)}$    E) $-\dfrac{1}{\sin(\arccos x)}$

Solution:

$$\dfrac{dy}{dx} = \dfrac{\dfrac{dy}{dt}}{\dfrac{dx}{dt}} = \dfrac{2e^{2\cdot t}}{-2e^{2\cdot t}\sin(e^{2\cdot t})}$$

$$= \dfrac{-1}{\sin(e^{2\cdot t})} = \dfrac{-1}{\sin(\arccos x)}$$

Correct Answer - E

14. $f(x) = x \cos x$

$\dfrac{d^2 f(x)}{dx^2}\bigg|_{x = \frac{\pi}{2}}$

A) – 3    B) – 2    C) – 1    D) 0    E) 1

Solution:

$$\frac{d}{dx}\left(\frac{df(x)}{dx}\right) = \frac{d}{dx}(\cos x - \sin x \cdot x)$$

$$= -\sin x - (\cos x \cdot x + \sin x)$$

$$= -\sin x - x \cdot \cos x - \sin x$$

$$= -2\sin x - x \cdot \cos x$$

$$x = \frac{\pi}{2} \Rightarrow -2 \cdot \sin\frac{\pi}{2} - \frac{\pi}{2} \cdot \cos\frac{\pi}{2} = -2 \cdot 1 - \frac{\pi}{2} \cdot 0$$

$$= -2$$

**Correct Answer - B**

15. $f(x) = \dfrac{x^2 - 5x + 6}{x^2 + 5x + 6} \Rightarrow \dfrac{df}{dx}(0) = f'(0) = ?$

A) $-\dfrac{5}{3}$  B) $-\dfrac{2}{3}$  C) $-\dfrac{1}{3}$  D) $-2$  E) $-1$

**Solution:**

$$\frac{df}{dx} = f'(x)$$

$$= \frac{(2x - 5) \cdot (x^2 + 5x + 6) - (x^2 - 5x + 6)(2x + 5)}{(x^2 + 5x + 6)^2}$$

$$f'(0) = \frac{(-5) \cdot 6 - 6 \cdot 5}{6^2} = \frac{-60}{36} = \frac{-5}{3}$$

**Correct Answer - A**

16. $y = x \cdot e^{-x} + \ln 2 \quad \Rightarrow \dfrac{dy}{dx} = ?$

A) $x \cdot e^{-x}$ 　　 B) $e^{-x} - x \cdot e^{-x}$ 　　 C) $e^{-x} - x \cdot e^x + \dfrac{1}{2}$

D) $e^{-x} + \dfrac{1}{2}$ 　　 E) $x \cdot e^{-x} + 2$

**Solution:**

$\dfrac{dy}{dx} = e^{-x} - x \cdot e^{-x}$

**Correct Answer - B**

17. $f(x) = \sqrt{x}(x^3 - 3) \Rightarrow \dfrac{df}{dx}(1) = f'(1) = ?$

A) $-3$ 　　 B) $-1$ 　　 C) $0$ 　　 D) $1$ 　　 E) $2$

**Solution:**

$\dfrac{df}{dx} = f'(x) = \dfrac{1}{2\sqrt{x}}(x^3 - 3) + \sqrt{x} \cdot 3x^2$

$f'(1) = -1 + 3 = 2$

**Correct Answer - E**

18. $f(x) = \ln(\cos x) \Rightarrow \dfrac{df}{dx}\left(\dfrac{\pi}{4}\right) = f'\left(\dfrac{\pi}{4}\right) = ?$

   A) 0    B) −1    C) 1    D) −e    E) e

**Solution:**

$\dfrac{df}{dx} = f'(x) = \dfrac{1}{\cos x}\cdot(\cos x)' = \dfrac{-\sin x}{\cos x} = -\tan x$

$f'\left(\dfrac{\pi}{4}\right) = -\tan\left(\dfrac{\pi}{4}\right) = -1$

**Correct Answer - B**

19. $f(x) = \ln\left(\sqrt{x^3 - 4}\right)\left(f'(x) = \dfrac{df(x)}{dx}\right) \Rightarrow f'(2) = ?$

   A) $\dfrac{3}{2}$    B) $\dfrac{1}{2}$    C) 0    D) 1    E) 2

**Solution:**

$f'(x) = \dfrac{\dfrac{3x^2}{2\sqrt{x^3-4}}}{\sqrt{x^3-4}}$

$f'(2) = \dfrac{\dfrac{12}{4}}{2} = \dfrac{3}{2}$

**Correct Answer - A**

20. $f(x) = (x-2)^4$, $\left(f''(x) = \dfrac{d^2f(x)}{dx^2}\right) \Rightarrow f''(3) = ?$

   A) 4     B) 6     C) 8     D) 10     E) 12

**Solution:**

$f'(x) = 4(x-2)^3$

$f''(x) = 12(x-2)^2$

$f''(3) = 12(3-2)^2 = 12$

**Correct Answer - E**

21. $f(x) = x \cdot |9 - x^2| \Rightarrow f'(4) = ?$

   A) 39     B) 28     C) 7     D) –7     E) –39

**Solution:**

$f(x) = x \cdot |9 - x^2|$

$\Rightarrow f'(x) = 1 \cdot |9 - x^2| + x \cdot \dfrac{(-2x) \cdot |9 - x^2|}{9 - x^2}$

$= 7 + \dfrac{4 \cdot (-8) \cdot 7}{-7} = 39$

**Correct Answer - A**

22. $f(x) = \ln(\cos e^x) \Rightarrow f'\left(\ln\dfrac{\pi}{4}\right) = ?$

A) $\dfrac{-\pi}{4}$  B) $\dfrac{-\pi}{2}$  C) $\dfrac{\pi}{4}$  D) $e^{\pi/4}$  E) $e^{\pi/2}$

**Solution:**

$f(x) = \ln(\cos e^x)$

$\Rightarrow f'(x) = \dfrac{-\sin e^x \cdot (e^x)'}{\cos e^x}$

$= (-\tan e^x) \cdot (e^x)$

$= \left(-\tan e^{\left(\ln\frac{\pi}{4}\right)}\right) \cdot (e^{\left(\ln\frac{\pi}{4}\right)})$

$= -\left(\tan\dfrac{\pi}{4}\right) \cdot \dfrac{\pi}{4}$

$= -\dfrac{\pi}{4}$

**Correct Answer - A**

# Chapter 16  The Derivative

## Test 1

1. $f(x) = x^2 + \sqrt{x} \Rightarrow f'(9) = ?$

   A) 18  B) $\dfrac{109}{6}$  C) $\dfrac{55}{3}$  D) $\dfrac{37}{2}$  E) $\dfrac{56}{3}$

2. $f(x) = \dfrac{x}{x^2 - 1} \Rightarrow f'(2) = ?$

   A) $-\dfrac{7}{9}$  B) $\dfrac{2}{3}$  C) $-\dfrac{5}{9}$  D) $-\dfrac{4}{9}$  E) $-\dfrac{1}{3}$

3. $\begin{cases} x = \ln t \\ y = t^2 \end{cases} \Rightarrow \dfrac{d^2y}{dx^2} = ?$

   A) $t$  B) $t^2$  C) $2t^2$  D) $4t^2$  E) $8t^2$

4. $f(x) = \ln(\cos x + \sin x) \Rightarrow f'(x) = ?$

A) $\dfrac{\cos 2x}{\sin x + \cos x}$  B) $\dfrac{\sin x \cdot \cos x}{\sin x + \cos x}$  C) $\dfrac{\sin x - \cos x}{\cos x + \sin x}$

D) $\dfrac{\cos x - 2\sin x}{\cos x + \sin x}$  E) $\dfrac{\cos x - \sin x}{\cos x + \sin x}$

5. $x^2 - xy - y^2 + 5 = 0 \Rightarrow \dfrac{dy}{dx} = ?$

A) $\dfrac{y-x}{x+2y}$  B) $\dfrac{y-2x}{x+2y}$  C) $\dfrac{y+2x}{x-2y}$

D) $\dfrac{2x-y}{x+2y}$  E) $\dfrac{y+x}{x-2y}$

6. $f(x) = (3-2x)^6 \Rightarrow f'(1) = ?$

A) $-12$  B) $-6$  C) $-3$  D) $3$  E) $6$

7. $y = \sin^3 x \Rightarrow \dfrac{dy}{dx} = ?$

A) $3\sin^3 x \cdot \cos x$  B) $3\sin^2 x \cdot \cos x$

C) $3\sin x \cdot \cos x$  D) $3\sin^2 x \cdot \tan x$

E) $3\sin x \cdot \cot x$

8. $f(x) = \cos(\sin x) \Rightarrow f'\left(\dfrac{\pi}{2}\right) = ?$

A) $-\dfrac{\sqrt{3}}{2}$   B) $-\dfrac{1}{2}$   C) 0   D) $\dfrac{1}{2}$   E) $\dfrac{\sqrt{3}}{2}$

9. $f(x) = \ln \dfrac{x-a}{x+a} \Rightarrow f'(x) = ?$

A) $\dfrac{2a+2x}{x^2-a^2}$   B) $\dfrac{2x^2}{a^2-x^2}$   C) $\dfrac{2x^2}{x^2-a^2}$

D) $\dfrac{2a}{a^2-x^2}$   E) $\dfrac{2a}{x^2-a^2}$

10. $\dfrac{1}{2\cdot\cos 2x} \cdot \dfrac{d}{dx}(\sin^2 x) = ?$

A) $\dfrac{\cot 2x}{\tan x}$   B) $\dfrac{\cot x}{2}$   C) $\dfrac{\cot 2x}{2}$

D) $\dfrac{\tan 2x}{2}$   E) $\dfrac{\tan x}{2}$

11. $f(x) = e^{\sin x} \Rightarrow f'(0) = ?$

A) $-e^2$   B) $-e$   C) 1   D) $e$   E) $e^2$

12. $f(x) = 3^{\cos x} \Rightarrow f'\left(\dfrac{\pi}{2}\right) = ?$

A) $-\ln 6$   B) $-\ln 3$   C) $\ln 2$   D) $\ln 3$   E) $\ln 6$

13. $\sin(xy) = x^2 + y^3 \Rightarrow \dfrac{dy}{dx} = ?$

A) $\dfrac{2x - y\cdot\cos(xy)}{x\cdot\cos(xy) - 3y^2}$

B) $\dfrac{2x + y\cdot\sin(xy)}{x\cdot\cos(xy) - 3y^2}$

C) $\dfrac{2x + y\cdot\cos(xy)}{x\cdot\sin(xy) - 3y^2}$

D) $\dfrac{2x - y\cdot\cos(xy)}{x\cdot\cos(xy) + 3y^2}$

E) $\dfrac{2x + y\cdot\cos(xy)}{x\cdot\cos(xy) + 3y^2}$

14. $\begin{cases} x = 2\cdot\sin t \\ y = 3\cdot\cos t \end{cases} \Rightarrow \dfrac{d^2y}{dx^2} = ?$

A) $\dfrac{-3}{4\cos^3 t}$

B) $\dfrac{-3}{4\sin t}$

C) $\dfrac{3}{4\tan t}$

D) $\dfrac{3}{4\sin t}$

E) $\dfrac{3\sin t}{4\cos t}$

15. $f(x) = 5^x - 8^x \Rightarrow f'(0) = ?$

A) $\ln\dfrac{3}{8}$

B) $\ln\dfrac{1}{2}$

C) $\ln\dfrac{5}{8}$

D) $\ln\dfrac{3}{4}$

E) $\ln\dfrac{7}{8}$

16. $f(x) = \sqrt[5]{-x^3 + 2x} \Rightarrow f'(-1) = ?$

A) – 5     B) $-\dfrac{1}{5}$     C) 1     D) $\dfrac{1}{5}$     E) 5

17. $f(x) = \ln(\cos x) \Rightarrow f'\left(\dfrac{\pi}{3}\right) = ?$

A) $-2\sqrt{3}$     B) $-\sqrt{3}$     C) – 1     D) $\sqrt{3}$     E) $2\sqrt{3}$

18. $y = \log_2 x^2 \Rightarrow \dfrac{dy}{dx} = ?$

A) $\dfrac{2+x}{\ln 2}$     B) $\dfrac{2}{x \cdot \ln 2}$     C) $\dfrac{1}{x \ln 2}$

D) $\dfrac{x \cdot \ln 2}{x + \ln 2}$     E) $\dfrac{\ln 2}{x + \ln 2}$

19. $y = (1 - x^2)^3 \Rightarrow \dfrac{d^2y}{dx^2}\bigg|_{x=1} = ?$

A) – 36     B) – 24     C) – 12     D) 0     E) 24

20. $f(x) = \sqrt{1 + x^3} \Rightarrow f'(2) = ?$

A) 2     B) 3     C) 4     D) 5     E) 6

21. $x = f(t) = t^3 - 1$

$y = g(t) = 2t^2 + 2t$

$\Rightarrow \dfrac{dy}{dx}\bigg|_{t=1} = ?$

A) 1   B) 2   C) 3   D) 4   E) 5

| Answers | | | | | |
|---|---|---|---|---|---|
| 1. B | 2. C | 3. D | 4. E | 5. D | 6. A |
| 7. B | 8. C | 9. E | 10. D | 11. C | 12. B |
| 13. A | 14. A | 15. C | 16. B | 17. B | 18. B |
| 19. D | 20. A | 21. B | | | |

## Chapter 16      The Derivative

### Test 2

1. $f(x) = 2x^3 - 3x^2 - 12x + 20 \Rightarrow f'(-1) + f''(1) = ?$

A) $-6$   B) $-1$   C) 0   D) 1   E) 6

2. $f(x) = x^3 + ax^2 + bx + 3$,

$f'(1) = -2, f'(2) = 0 \Rightarrow b = ?$

A) 2   B) 3   C) 5   D) 6   E) 7

3. $y = \dfrac{2x+1}{x-2} \Rightarrow \dfrac{dy}{dx}\bigg|_{x=3} = ?$

A) – 5  B) – 4  C) – 3  D) 3  E) 4

4. $f(x) = (2x - 1)^3 \cdot \ln x \Rightarrow f'(1) = ?$

A) – 2  B) – 1  C) 0  D) 1  E) 2

5. $f(x) = x \cdot e^x \Rightarrow f'(2) + f''(2) = ?$

A) $6e^2$  B) $7e^2$  C) $\dfrac{1}{6e^2}$  D) $\dfrac{1}{7e^2}$  E) $\dfrac{6}{e^2}$

6. $f(x) = \sqrt{e^x \cdot \ln(x^2)} \Rightarrow f'(1) = ?$

A) $\dfrac{2}{\sqrt{e}}$  B) $\dfrac{4}{\sqrt{e}}$  C) $2\sqrt{e}$  D) $3\sqrt{e}$  E) $4\sqrt{e}$

7. $f(3x - 2) = x^3 - 3x + 1 \Rightarrow f'(4) = ?$

A) 2  B) 3  C) 4  D) 5  E) 6

8. $\begin{cases} f(x) = \sqrt{x} \\ g(x) = x^2 + 3 \end{cases} \Rightarrow (f \circ g)'(1) = ?$

A) $\dfrac{1}{3}$  B) $\dfrac{1}{2}$  C) 1  D) $\dfrac{3}{2}$  E) 2

9. $f(x) = \cos(2x)$

$$\Rightarrow \lim_{h \to 0} \frac{f\left(\frac{\pi}{6} + h\right) - f\left(\frac{\pi}{6}\right)}{h} = ?$$

A) $-\sqrt{3}$   B) $-\frac{1}{\sqrt{3}}$   C) 1   D) 2   E) $\sqrt{3}$

10. $f(x) = \arccos(2x + 1) \Rightarrow f'\left(-\frac{1}{2}\right) = ?$

A) $-2$   B) $-1$   C) 0   D) $\frac{1}{2}$   E) $-\frac{1}{2}$

11. $f(x) = \tan(\sqrt[3]{x}) \Rightarrow f'(\pi^3) = ?$

A) $\pi^2$   B) $2\pi^2$   C) $3\pi^2$   D) $\frac{1}{3\pi^2}$   E) $\frac{1}{2\pi^2}$

12. $f(x) = \sin^2 \sqrt{x} \Rightarrow \frac{df(x)}{dx} = f'(x) = ?$

A) $\frac{1}{2\sqrt{x}} \sin 2\sqrt{x}$   B) $\frac{1}{\sqrt{x}} \sin 2\sqrt{x}$   C) $\frac{1}{2\sqrt{x}} \sin \sqrt{x}$

D) $\frac{1}{2\sqrt{x}} \sin 2\sqrt{x} \cdot \cos \sqrt{x}$   E) $\frac{1}{4\sqrt{x}} \sin 2\sqrt{x}$

13. $f(x) = \ln(\arctan x) \Rightarrow f'(1) = ?$

A) $\dfrac{\pi}{3}$   B) $\dfrac{2}{\pi}$   C) $\dfrac{\pi}{4}$   D) $\dfrac{1}{2\pi}$   E) $\pi$

14. $f(x) = \log x^3 \quad \Rightarrow \quad f'\left(\dfrac{1}{\ln 10}\right) = ?$

A) 3   B) 1   C) 0   D) 3ln 10   E) $(\ln 10)^2$

15. $f(x) = 5^{3x-3}, \; f'(a) = \ln 5^{375} \quad \Rightarrow \quad a = ?$

A) 4   B) 3   C) 0   D) 1   E) 2

16. $\begin{cases} x = t^3 - 2t^2 + 3t \\ y = t^3 - 2t \end{cases} \Rightarrow \left.\dfrac{dy}{dx}\right|_{t=1} = ?$

A) $\dfrac{1}{3}$   B) $\dfrac{1}{2}$   C) 1   D) 2   E) 3

17. $\begin{cases} y = e^x \\ x = \cos t \end{cases} \Rightarrow \left.\dfrac{dy}{dt}\right|_{t=\frac{\pi}{3}} = ?$

A) $-\dfrac{\sqrt{3e}}{2}$   B) $-\dfrac{\sqrt{e}}{4}$   C) $-\dfrac{\sqrt{2e}}{3}$   D) $\sqrt{3e}$   E) $\sqrt{2e}$

18. $\begin{cases} y = e^t + 2t \\ x = e^{2t} \end{cases} \Rightarrow \left.\dfrac{d^2y}{dx^2}\right|_{t=0} = ?$

A) $-\dfrac{3}{4}$  B) $-\dfrac{5}{4}$  C) $-\dfrac{7}{4}$  D) $\dfrac{1}{2}$  E) $\dfrac{3}{2}$

19. $2x^2 + 3xy - 4y^2 = 0 \Rightarrow \dfrac{dy}{dx} = ?$

A) $\dfrac{4x-3y}{3x+8y}$  B) $\dfrac{-4x-3y}{3x-8y}$  C) $\dfrac{4x+3y}{3x+8y}$

D) $\dfrac{2x-3y}{3x+4y}$  E) $\dfrac{2x+3y}{3x-8y}$

20. $f(x) = (x^2)^{\sin x} \Rightarrow f'\left(\dfrac{\pi}{2}\right) = ?$

A) $\dfrac{2}{\pi}$  B) $\dfrac{4}{\pi}$  C) $\pi$  D) $2\pi$  E) $3\pi$

21. $f(x) = x(2 - \ln x) \Rightarrow \dfrac{df(e)}{dx} = ?$

A) 0  B) 2  C) 3  D) 4  E) 5

22. $f(x) = \dfrac{\ln x}{x^2 + 1} \Rightarrow \dfrac{df(1)}{dx} = f'(1) = ?$

A) 1  B) $\dfrac{1}{2}$  C) $\dfrac{3}{1}$  D) $\dfrac{1}{4}$  E) $\dfrac{3}{4}$

| Answers | | | | | |
|---|---|---|---|---|---|
| 1. E | 2. E | 3. A | 4. D | 5. B | 6. C |
| 7. B | 8. B | 9. A | 10. A | 11. D | 12. A |
| 13. B | 14. A | 15. E | 16. B | 17. A | 18. A |
| 19. B | 20. C | 21. A | 22. B | | |

## Chapter 16 — The Derivative

### Test 3

1. $f(x) = ax^2 - 3x + 1$

   $\dfrac{d}{dx} f(1) = 5 \quad \Rightarrow a = ?$

   A) 6   B) 5   C) 4   D) 3   E) 2

2. $f(x) = x^4 - 3x^2 + 6x + 3$

$$\Rightarrow \lim_{x \to 1} \frac{f(x) - f(1)}{x - 1} = ?$$

A) 2  B) 4  C) 5  D) 10  E) 15

3. $f(x) = ax^2 - bx$

$$\Rightarrow \frac{d}{dx} f(1) = ?$$

A) $6a - b$  B) $3a + 2$  C) $2a + b$
D) $3a - 2b$  E) $2a - b$

4. $a < 0$,

$$f(x) = \frac{1}{3}x^3 + x^2 - 3x + 7$$

$$\frac{d}{dx} f(a) = 0 \Rightarrow a = ?$$

A) $-4$  B) $-3$  C) $-2$  D) 1  E) 6

5. $f(x) = x^3 - bx^2 + 6x + 3$

$$\frac{d}{dx} f(2) = \frac{d}{dx} f(1)$$

$\Rightarrow b = ?$

A)$\dfrac{7}{2}$   B)$\dfrac{9}{2}$   C)$\dfrac{11}{2}$   D)$\dfrac{15}{2}$   E)$\dfrac{19}{2}$

6. $\begin{cases} f(x) = x^3 - ax^2 + bx + 3, \\ f(1) = 12;\ f'(2) = 8 \end{cases} \Rightarrow b = ?$

A) 4   B) 6   C) 8   D) 12   E) 16

7. $\forall x \in N^+, f(0) = 0$

$f(x) - f(x-1) = x + 1$

$\Rightarrow f'(6) = ?$

A)$\dfrac{7}{2}$   B)$\dfrac{9}{2}$   C)$\dfrac{11}{2}$   D)$\dfrac{13}{2}$   E)$\dfrac{15}{2}$

8. $\forall x \in Z^+, f(0) = 0$

$f(x) = x^2 + f(x-1)$

$\Rightarrow f'(1) + f'(0) = ?$

A)$\dfrac{7}{3}$   B)$\dfrac{4}{3}$   C) 1   D)$\dfrac{8}{3}$   E) 3

9. $\forall f'(1) + f'(0) \in R, f(x) = f(-x)$

$f(x) = 4x^4 - 2ax^2 + 4 - f(-x)$

$\dfrac{d}{dx}f(2) = 32 \Rightarrow a = ?$

A) 2    B) 4    C) 5    D) 6    E) 8

10. $\forall\, x \in R,\ f(x) + f(-x) = 0$

$2f(x) = 5x^3 - 10ax - 20 + 3f(-x)$

$\dfrac{d}{dx}f(3) = 15 \Rightarrow a = ?$

A) 2    B) 3    C) 4    D) 5    E) 6

11. $f(2x - 1) = 2x^2 - 6x + 4$

$\Rightarrow \dfrac{df(x)}{dx} = ?$

A) $2x + 1$    B) $2x - 1$    C) $x - 2$

D) $2x - 2$    E) $x - 3$

12. $f(2x - 1) = x^3 - x^2 + 4x + 1$

$\Rightarrow f(3) + f'(3) = ?$

A) 15    B) 17    C) 19    D) 21    E) 23

13. $f(3x - 4) = x^3 - 6x^2 + 7$

$\Rightarrow f(2) + f'(2) = ?$

A) −15    B) −14    C) −13    D) −12    E) −10

14. $f(x) = 2x - 3$

$(gof)(x) = 4x^2 - 8x + 7$

$\Rightarrow \dfrac{dg(x)}{dx} = ?$

A) $x + 2$    B) $2(x + 1)$    C) $2(x + 2)$

D) $x - 2$    E) $2(x - 2)$

15. $f(x^3 + 2) = 3x^9 - 6x^6 + 5$

$\Rightarrow \dfrac{df(x)}{dx} = ?$

A) $9x^2 - 32x$    B) $9x^2 - 36x + 40$    C) $9x^2 - 48x + 60$

D) $9x^2 - 42x + 50$    E) $9x^2 - 18x - 70$

16. $f(x) = (ax^2 - 1)(x^2 + 2x + 3)$

$\dfrac{d}{dx} f(2) = 130$

$\Rightarrow a = ?$

A) 2    B) 3    C) 5    D) 13    E) 21

17. $g(x) = x^2 \cdot f(x)$

   $g'(4) = -48$

   $\Rightarrow a = ?$

   A) 2    B) 3    C) 4    D) 5    E) 6

18. $f(x) = (x^2 + 1) \cdot g(2x + 1)$

   $g(5) = 6,\ g'(5) = 3$

   $\Rightarrow f'(2) = ?$

   A) 36    B) 46    C) 54    D) 56    E) 58

19. $y = \dfrac{x}{(x-1)^2}$

   $\Rightarrow (x-1)^4 \cdot \dfrac{dy}{dx} = ?$

   A) $1 - x^2$    B) $1 + x^2$    C) $x^2 - 1$

   D) $(x^2 - 1)^2$       E) $(x-1)^3$

20. $f(x) = \dfrac{ax^2 + 1}{x^2 + 1}$

$$\frac{d}{dx}f(2) = 4 \Rightarrow a = ?$$

A) 15    B) 21    C) 26    D) 29    E) 33

| Answers | | | | | |
|---|---|---|---|---|---|
| 1. C | 2. B | 3. E | 4. B | 5. B | 6. D |
| 7. E | 8. A | 9. E | 10. E | 11. C | 12. C |
| 13. C | 14. B | 15. C | 16. A | 17. B | 18. C |
| 19. A | 20. C | | | | |

Chapter 16                                    The Derivative

# Test 4

1. $y = \sqrt[7]{x^2}$

   $\Rightarrow \sqrt[7]{x^5} \cdot \dfrac{dy}{dx} = ?$

   A) $\dfrac{1}{7}$  B) $\dfrac{2}{7}$  C) $\dfrac{1}{\sqrt{x}}$  D) $\dfrac{3}{7}$  E) $\dfrac{x}{\sqrt{x}}$

2. $f(x) = \sqrt[3]{x^2}$ $(a \neq 0)$

   $\dfrac{df(a)}{dx} = f(a) \Rightarrow a = ?$

   A) 4  B) 2  C) $\dfrac{2}{3}$  D) $\dfrac{1}{2}$  E) $-1$

3. $a < 0$

   $f(x) = \sqrt[3]{x^2 + a}$

   $f'(1) = \dfrac{1}{6} \Rightarrow a = ?$

   A) $-9$  B) $-7$  C) $-5$  D) $-3$  E) $-1$

4. $f(x) = \sqrt[3]{x + a}$

   $f^{-1}(1) + (f^{-1})'(1) = 2 \Rightarrow a = ?$

   A) 1  B) 2  C) 3  D) 4  E) 5

5. $f(x) = \dfrac{(x-2)^3}{2}$

$\Rightarrow (f^{-1})(4) + (f^{-1})'(4) = ?$

A) $\dfrac{16}{17}$   B) $\dfrac{1}{25}$   C) $\dfrac{5}{3}$   D) $\dfrac{25}{6}$   E) 25

6. $f(x) = \dfrac{(x-1)^3}{4}$

$(f^{-1})(16) \cdot (f^{-1})'(16) = ?$

A) $\dfrac{5}{4}$   B) $\dfrac{5}{8}$   C) $\dfrac{5}{12}$   D) $\dfrac{5}{16}$   E) $\dfrac{5}{48}$

7. $y = \dfrac{x}{3\sqrt{x}} \Rightarrow \dfrac{dy}{dx} = ?$

A) $\dfrac{1}{3\sqrt{x}}$   B) $\dfrac{1}{2\sqrt{x}}$   C) $\dfrac{1}{4\sqrt{x}}$   D) $\dfrac{1}{6\sqrt{x}}$   E) $\dfrac{1}{9\sqrt{x}}$

8. $f(x) = \sqrt[3]{\dfrac{x}{16}}$

$\Rightarrow f(2) \cdot (f^{-1})'(1) = ?$

A) 12   B) 18   C) 20   D) 24   E) 28

9. $f(x) = (x+1)^2 \cdot (3x+1)^2$

$\Rightarrow \dfrac{df(1)}{dx} = ?$

A) 96  B) 120  C) 144  D) 156  E) 160

10. $f(x) = \dfrac{\sqrt{x}}{1+\sqrt{x}}$ $\Rightarrow \dfrac{df(4)}{dx} = ?$

A) 12  B) 1  C) $\dfrac{1}{36}$  D) $\dfrac{1}{16}$  E) $\dfrac{1}{12}$

11. $y = (x^2+1)\sqrt{x} \Rightarrow \dfrac{dy}{dx} = y' = ?$

A) $\dfrac{x^2+1}{2\sqrt{x}}$  B) $\dfrac{2x^2+1}{2\sqrt{x}}$  C) $\dfrac{5x^2+1}{2\sqrt{x}}$

D) $\dfrac{3x^2+2}{2\sqrt{x}}$  E) $\dfrac{6x^2+3}{2\sqrt{x}}$

12. $f(x) = \log_2 x$

$\Rightarrow \dfrac{d}{dx}f(1) = ?$

A) $\log e$  B) $2\log e$  C) $\log_2 e$

D) $\dfrac{2}{\log e}$  E) $\dfrac{2}{10}\log e$

13. $a > 0, b > 0$

$f(x) = \ln(ax + 6)$

$\dfrac{d}{dx} f(1) = \dfrac{a}{5} \Rightarrow a = ?$

A) –2  B) –1  C) 0  D) 1  E) 2

14. $a > 2$

$f(x) = a \cdot \ln(ax - 3)^2$

$\dfrac{d}{dx} f(2) = 8 \Rightarrow a = ?$

A) 1  B) 3  C) 4  D) 5  E) 6

15. $f(x) = \log_a(x^2 + 3x + 1)$

$\dfrac{d}{dx} f(1) = \dfrac{1}{6} \Rightarrow a = ?$

A) $e^3$  B) $e^4$  C) $e^5$  D) $e^6$  E) $e^{30}$

16. $f(x) = x \cdot \ln x$

$\Rightarrow \dfrac{d}{dx} f(e) = ?$

A)$\frac{1}{2}$   B) 1   C) 2   D)$\frac{3}{2}$   E) 3

17. $f(x) = x^2 \cdot \ln(x^2+1)$

$\Rightarrow \frac{d}{dx} f(1) = ?$

A)ln 2e   B)ln $\frac{2}{e}$   C)ln 4e   D)ln $\frac{4}{e}$   E)ln 3e

18. $y = \ln\left(\frac{x^2}{x^2+1}\right)$

$\Rightarrow (x^2+1) \cdot \frac{dy}{dx} = ?$

A) $2x^2+1$   B) $2x^2+2$   C) $\frac{2}{x^2}$

D) $\frac{2}{x}$   E) $4x^2+2$

19. $x > 0$, $f(x) = \ln \sqrt[k]{x^2}$

$\frac{df(4)}{dx} = \frac{1}{10}$   $\Rightarrow k = ?$

A) 5   B) 8   C) 10   D) 12   E) 18

Answers

| 1. B | 2. C | 3. A | 4. B | 5. D | 6. C |
| 7. D | 8. D | 9. E | 10. C | 11. C | 12. A |
| 13. B | 14. E | 15. D | 16. C | 17. C | 18. D |
| 19. A | | | | | |

## Chapter 16 — The Derivative

# Test 5

1. $f(x) = (3x^2 - 2x + 1)^4 \Rightarrow f'(-1) = ?$

A) $-6912$  B) $-6180$  C) $-5900$  D) $2300$  E) $1800$

2. $f(x) = x\sqrt{x} - x\sqrt{1-x} \Rightarrow f'\left(\dfrac{3}{4}\right) = ?$

A) $\dfrac{3\sqrt{3}+1}{4}$  B) $\dfrac{3\sqrt{3}+4}{4}$  C) $\dfrac{3\sqrt{3}+2}{4}$

D) $3\sqrt{3}-1$  E) $\dfrac{5\sqrt{3}+1}{4}$

3. $f(x) = 3\sin(3x+5) \Rightarrow f'(7°) = ?$

A) $3\cos 26$  B) $9\cos 26$  C) $15\cos 26$

D) $3\sin 26$  E) $-\sin 26$

4. $f(x) = \dfrac{x \cdot \sin x}{1 + \tan x}$ ⇒ $f'\left(\dfrac{\pi}{4}\right) = ?$

A) $\sqrt{2}$   B) $\dfrac{\sqrt{2}}{2}$   C) $\dfrac{\sqrt{2}}{4}$   D) $-\sqrt{2}$   E) $-2$

5. $f(x) = \arccos \sqrt{1 - 4x}$ ⇒ $f'(x) = ?$

A) $-2\sqrt{4x^2}$   B) $-\sqrt{x + 4x^2}$   C) $\dfrac{-2}{\sqrt{x - 4x^2}}$

D) $\dfrac{1}{\sqrt{x - 4x^2}}$   E) $-\sqrt{x + 4x^2}$

6. $f(x) = \dfrac{2}{3}\arctan x + \dfrac{1}{3}\arctan \dfrac{x}{1 - x^2}$ ⇒ $f'(1) = ?$

A) $-1$   B) $0$   C) $\dfrac{1}{2}$   D) $\dfrac{3}{4}$   E) $1$

7. $f(x) = (x + 1)^{1/x}$ ⇒ $f'(1) = ?$

A) $\ln \dfrac{e}{4}$   B) $\ln 2e$   C) $2 - \ln 2$   D) $1$   E) $-1$

8. $y = f(x)$, $\dfrac{x - y}{x - 2y} = 2$ ⇒ $f'(x) = ?$

A) $\dfrac{2}{3}$    B) 1    C) $\dfrac{1}{3}$    D) $-\dfrac{1}{3}$    E) $-\dfrac{4}{3}$

9. $f(3x) = x^2 \cdot g(x-2)$, $f'(3) = 2$, $g(-1) = 4$

$\Rightarrow g'(-1) = ?$

A) 3    B) 2    C) $-2$    D) $-3$    E) $-4$

10. $f(x) = e^{\sin x} + \cos^2 x \Rightarrow f'\left(\dfrac{\pi}{2}\right) = ?$

A) $-1$    B) 0    C) 1    D) 2    E) $e$

11. $f(x) = \sin x$, $g(x) = 2^x \Rightarrow (f \circ g)'(2) = ?$

A) $\ln 2 \cdot \cos 16$    B) $\ln 4 \cdot \cos 4$    C) $\ln 8 \cdot \cos 4$

D) $\ln 16 \cdot \cos 4$    E) $\ln 16 \cdot \cos 16$

12. $\begin{cases} x = e^t + t^2 \\ y = t \cdot e^t \end{cases} \Rightarrow \left.\dfrac{d^2 y}{dx^2}\right|_{t=1} = ?$

A) $\dfrac{1}{e^2}$    B) $\dfrac{1}{2+e}$    C) $\dfrac{1}{4+e}$

D) $\dfrac{e}{(e+2)^2}$    E) $\dfrac{e}{(e+2)^3}$

13. $\begin{cases} x = t^2 - 2t \\ y = t^3 + t \end{cases} \Rightarrow \dfrac{d^2y}{dx^2}\bigg|_{t=1} = ?$

A) 2   B) $\dfrac{4}{3}$   C) 1   D) $\dfrac{3}{4}$   E) $\dfrac{1}{4}$

14. $\begin{cases} x = \ln t \\ y = \sin t \end{cases} \Rightarrow \dfrac{dy}{dx}\bigg|_{t=\pi} = ?$

A) $-\pi$   B) $-2\pi$   C) 0   D) 1   E) 2

15. $f(x) = x \cdot \sin x \Rightarrow \dfrac{d^2 f(x)}{dx^2}\bigg|_{x=\frac{\pi}{2}} = ?$

A) $-1$   B) 0   C) 1   D) $\dfrac{\pi}{2}$   E) $-\dfrac{\pi}{2}$

16. $f(x) = x \cdot e^x \Rightarrow f''(x) - f'(x) = ?$

A) 0   B) $x$   C) $e^x$   D) $xe^x$   E) $x + e^x$

17. $f(x) = \tan\left(\dfrac{\pi}{2}\cos x\right) \Rightarrow f'\left(\dfrac{\pi}{3}\right) = ?$

A) $\dfrac{-\pi\sqrt{3}}{2}$    B) $-\dfrac{\pi}{2}$    C) 0    D) $\pi$    E) $\dfrac{\pi\sqrt{3}}{2}$

18. $f(x) = x \cdot \arcsin x + \sqrt{1-x^2}$ $\Rightarrow$ $f'\left(\dfrac{1}{2}\right) = ?$

A) $\dfrac{\pi}{8}$    B) $\dfrac{\pi}{6}$    C) $\dfrac{\pi}{3}$    D) $\dfrac{\pi}{4}$    E) $\dfrac{\pi}{2}$

19. $\begin{cases} x = t^3 + 3t \\ y = t^3 - 3t \end{cases}$ $\Rightarrow$ $\dfrac{d^2y}{dx^2}\bigg|_{t=1} = ?$

A) 0    B) $\dfrac{1}{6}$    C) $\dfrac{1}{4}$    D) $\dfrac{1}{2}$    E) 1

20. $f(x) = (x^2 - x)^{-2}$ $\Rightarrow$ $f'(2) = ?$

A) $-4$    B) $\dfrac{-8}{3}$    C) $-\dfrac{3}{4}$    D) $\dfrac{1}{4}$    E) $\dfrac{1}{2}$

| Answers | | | | | |
|---|---|---|---|---|---|
| 1. A | 2. A | 3. B | 4. C | 5. D | 6. E |
| 7. A | 8. C | 9. C | 10. B | 11. D | 12. D |
| 13. E | 14. A | 15. E | 16. C | 17. A | 18. B |
| 19. B | 20. C | | | | |

**Chapter 16**  **The Derivative**

## Test 6

1. $f(x) = \dfrac{2x^3 + 1}{x} \Rightarrow f'(x) = ?$

A) $2x - \dfrac{2}{x^3}$   B) $2 + 2x^2$   C) $2x^2 - \dfrac{1}{x^3}$

D) $4x - \dfrac{1}{x^2}$   E) $x - \dfrac{1}{x^3}$

2. $f(x) = \dfrac{x^2 + 1}{x^2 - 1} \Rightarrow f'(x) = ?$

A) $\dfrac{2x}{(x^2 - 1)^2}$   B) $\dfrac{4x}{(x^2 - 1)^2}$   C) $\dfrac{-4x}{(x^2 - 1)^2}$

D) $\dfrac{-8x}{(x^2-1)^3}$  E) $\dfrac{-8x}{x^2-1}$

3. $f(x) = \dfrac{x^3}{3} - \dfrac{x^2}{2} + x - 1 \Rightarrow f'(2) = ?$

A) 6  B) 5  C) 4  D) 3  E) 2

4. $y = (x^3 - 3x)^4 \Rightarrow \dfrac{dy}{dx} = ?$

A) $4(x^2 - 3x)^4$  B) $3(x^2 - 3)(x^3 - 3x)^3$

C) $12(x^2 - 1)(x^3 - 3x)^3$  D) $12(x^2 - 3)$

E) $12(x^3 - 3x)^4$

5. $f(3x - 4) = (x^2 - 2)^3 \Rightarrow f'(2) = ?$

A) 3  B) 4  C) 6  D) 7  E) 8

6. $f(3x - 2) = (9x^2 + 3x - 6)^2 \Rightarrow \dfrac{df(x)}{dx} = ?$

A) $(2x + 5) \cdot (x^2 + 5x)$  B) $2(2x + 5)(x^2 + 5x)$

C) $4(2x + 5)^2$  D) $2x(x^2 + 5x)$

E) $4x(x^2 + 5x)$

7. $f(x) = \dfrac{(x+1)^2}{(x^2+1)^3} \Rightarrow f'(0) = ?$

A) $-1$   B) $0$   C) $1$   D) $\dfrac{3}{2}$   E) $2$

8. $f(x) = (x^2+1)^3 (x^3-1)^2 \Rightarrow \dfrac{df(x)}{dx} = ?$

A) $6x^2(x^2+1)(x^3-1)\cdot(2x^3+x)$

B) $6x(x^2+1)^2 (x^3-1)^3 (2x^3+x-2)$

C) $36x(x^2+1)(x^3-1)\cdot(2x^3+x-2)$

D) $6x(x^2+1)^2 (x^3-1)\cdot(2x^3+x-1)$

E) $12x(x^2+1)^2 (x^3-1)\cdot(x^3+x+1)$

9. $x^3 + y^3 = 1 \Rightarrow \dfrac{d^2y}{dx^2} = ?$

A) $\dfrac{-x}{y^3}$   B) $\dfrac{-2x}{y^5}$   C) $\dfrac{x}{y^4}$   D) $\dfrac{4x}{y^5}$   E) $\dfrac{-4x}{y^5}$

10. $\begin{cases} x = f(t) = t + \dfrac{1}{t} \\ y = g(t) = t - \dfrac{1}{t} \end{cases} \Rightarrow \dfrac{d^2y}{dx^2} = ?$

A) $\dfrac{4t^3}{(t^2-1)^3}$    B) $\dfrac{-2t}{(t^2-1)}$    C) $\dfrac{-4t^2}{(t^2-1)^3}$

D) $\dfrac{-4t^3}{(t^2-1)^3}$    E) $\dfrac{8t}{(t^2+1)^3}$

11. $f(x) = x^2 + 1$,

$g(x) = \sqrt{x^2+1} \Rightarrow \dfrac{df(x)}{dg(x)} = ?$

A) $2f(x)$    B) $\dfrac{2}{g(x)}$    C) $g(x)$    D) $2g(x)$    E) $\dfrac{g(x)}{f(x)}$

12. $f(x) = (3x-4) \cdot \sqrt[4]{(x+1)^3}$

$\Rightarrow f'(x) = ?$

A) $\dfrac{x}{12\sqrt[4]{(x+1)^3}}$    B) $\dfrac{12x-9}{4\sqrt[4]{x+1}}$    C) $\dfrac{21x}{2\sqrt[4]{(x+1)^3}}$

D) $\dfrac{7x}{4\sqrt[4]{x+1}}$    E) $\dfrac{35x}{6\sqrt[4]{x+1}}$

13. $f(x) = \dfrac{3x^2-1}{\sqrt[3]{(x^3-1)^2}} \Rightarrow \dfrac{df(x)}{dx} = ?$

A) $\dfrac{2x(x-3)}{\sqrt[3]{x^3-1}}$  B) $\dfrac{x(x-3)}{(x^3-1)(\sqrt{x^3-1})}$  C) $\dfrac{2x(x-3)}{(x^3-1)\sqrt[3]{(x^3-1)^2}}$

D) $\dfrac{x-3}{(x^3-1)^2\sqrt{x^3-1}}$  E) $\dfrac{2x}{(x^3-1)\sqrt[3]{(x^3-1)}}$

14. $x^2 - xy + y^2 - 3 = 0 \Rightarrow \dfrac{dy}{dx} = ?$

A) $\dfrac{2x-y}{x-2y}$  B) $\dfrac{2x+y}{x-2y}$  C) $\dfrac{x-2y}{2y+x}$

D) $\dfrac{x+y}{x-y}$  E) $\dfrac{y-2x}{x+2y}$

15. $\arctan\dfrac{x}{y} + \ln\sqrt{x^2+y^2} = 0 \Rightarrow \dfrac{dy}{dx} = ?$

A) $\dfrac{x-y}{x+y}$  B) $\dfrac{x+y}{x-y}$  C) $\dfrac{2x+y}{2x-y}$

D) $\dfrac{y-2x}{2x+y}$  E) $\dfrac{x+y}{x-2y}$

16. $f(x) = \arcsin\dfrac{x-1}{3} \Rightarrow f'(1) = ?$

A) $\dfrac{1}{\sqrt{3}}$  B) $\dfrac{1}{3}$  C) $\dfrac{1}{3\sqrt{3}}$  D) $\dfrac{\sqrt{3}}{6}$  E) $\dfrac{1}{9}$

17. $f(x) = x \cdot \sin \dfrac{1}{x}$ $\Rightarrow$ $\dfrac{d^2 f(x)}{dx^2} = ?$

A) $\dfrac{1}{x^2} \cdot \cos \dfrac{1}{x}$  B) $-\dfrac{1}{x^3} \cdot \cos \dfrac{1}{x}$  C) $\dfrac{1}{x} \cdot \sin \dfrac{1}{x}$

D) $\dfrac{1}{x^3} \cdot \sin \dfrac{1}{x}$  E) $-\dfrac{1}{x^3} \cdot \sin \dfrac{1}{x}$

| Answers | | | | | |
|---|---|---|---|---|---|
| 1. D | 2. C | 3. D | 4. C | 5. E | 6. B |
| 7. E | 8. D | 9. B | 10. D | 11. D | 12. B |
| 13. C | 14. A | 15. B | 16. B | 17. E | |

## Chapter 16 — The Derivative

### Test 7

1. $f(x) = \dfrac{x^3 + 1}{x^3 + 3}$ $\Rightarrow$ $f'(3) = ?$

A) $\dfrac{1}{25}$  B) $\dfrac{2}{25}$  C) $\dfrac{3}{50}$  D) $\dfrac{3}{20}$  E) $\dfrac{4}{75}$

2. $f(x) = \dfrac{1 - \cos 2x}{1 + \cos 2x}$ $\Rightarrow$ $f'\left(\dfrac{\pi}{3}\right) = ?$

A) 3  B) $4\sqrt{3}$  C) $\dfrac{2\sqrt{3}}{3}$  D) $\dfrac{\sqrt{3}}{3}$  E) 16

3. $f(x) = \dfrac{1}{(\cos 2x - \sin 2x)^2} \Rightarrow f'\left(\dfrac{\pi}{24}\right) = ?$

A) $4\sqrt{2}$  B) $4\sqrt{3}$  C) 12  D) 16  E) $8\sqrt{3}$

4. $f(x) = \left[\dfrac{2\sin^2 x - \tan 3x}{(1 + \cos 2x)\sqrt{2 + \sec^2 x}}\right]^{-6} \Rightarrow f'\left(\dfrac{\pi}{4}\right) = ?$

A) 2  B) $\dfrac{5}{2}$  C) 3  D) $\dfrac{7}{2}$  E) 4

5. $x = \dfrac{\pi}{3}$

$f(x) = \sec x \Rightarrow \dfrac{d^2 f(x)}{dx^2} = ?$

A) 8  B) 10  C) 12  D) 14  E) 16

6. $f(x) = \arctan\left(\dfrac{4\sin x}{3 + 5\cos x}\right) \Rightarrow f'\left(\dfrac{\pi}{3}\right) = ?$

A) $\dfrac{4}{5}$  B) $\dfrac{6}{11}$  C) $\dfrac{8}{13}$  D) $\dfrac{8}{25}$  E) $\dfrac{16}{25}$

7. $f(x) = \arctan\left(\dfrac{1}{x}\right) \Rightarrow f'(2) = ?$

A) $\dfrac{1}{2}$   B) $\dfrac{1}{3}$   C) $\dfrac{1}{5}$   D) $-\dfrac{1}{5}$   E) $-\dfrac{1}{6}$

8. $f(x) = e^x \cdot \ln x \Rightarrow f'(x) = ?$

A) $e^x\left(\ln x + \dfrac{1}{x}\right)$   B) $e^x\left(1 + \dfrac{1}{x}\right)$   C) $\ln x(e^x + 1)$

D) $\dfrac{e^x}{x}$   E) $e^x + \ln x$

9. $e^{x+y} = y^x \Rightarrow \dfrac{dy}{dx} = ?$

A) $\dfrac{y}{x(x+y)}$   B) $\dfrac{y^2}{x(y-x)}$   C) $\dfrac{y^3}{x(y-x)}$

D) $\dfrac{y^3}{x^2 - xy}$   E) $\dfrac{y^2}{x^2 + y}$

10. $f(x) = \dfrac{x^3 + x + 2}{x^2 + 4}$

$\Rightarrow \lim\limits_{h \to 0} \dfrac{f(2+h) - f(2)}{h} = ?$

A) 2   B) 1   C) $\dfrac{5}{6}$   D) $\dfrac{13}{16}$   E) $\dfrac{7}{8}$

11. $f(x) = \dfrac{x^3 + 8}{x^2 + 2}$

$\Rightarrow \lim\limits_{x \to 2} \dfrac{f(x) - f(2)}{x - 2} = ?$

A) $\dfrac{2}{9}$   B) $\dfrac{3}{5}$   C) $\dfrac{5}{6}$   D) 1   E) $\dfrac{3}{2}$

12. $f(x) = x^3 - 4|x| + 2x \Rightarrow f'(2) = ?$

A) 8   B) 10   C) 12   D) 15   E) 24

13. $f(x) = x^3 - 6x + g(4x - 7)$

$g'(5) = -3 \Rightarrow f'(3) = ?$

A) –6   B) –3   C) 0   D) 6   E) 9

14. $f(x) = x^2 + 1$

$g(x) = x^3 + 2x \Rightarrow (fog)'(1) = ?$

A) 30   B) 28   C) 24   D) 18   E) 16

15. $f(x) = x^3 - x^2 - 12x + 7$

$\Rightarrow (f^{-1})'(7) = ?$

A) $\dfrac{3}{16}$   B) $\dfrac{1}{86}$   C) $\dfrac{1}{28}$   D) $\dfrac{1}{24}$   E) $\dfrac{5}{96}$

16. $\begin{cases} x = 6t - 4 \\ y = t^3 + 8 \end{cases} \Rightarrow f'(8) = ?$

A) $-2$   B) $-1$   C) $0$   D) $1$   E) $2$

17. $f(x) = x^5 - 2x^4 + x^3 - 2x^2 + 4x - 4$

$\Rightarrow (f^{-1})'(4) = ?$

A) $\dfrac{1}{6}$   B) $\dfrac{1}{8}$   C) $\dfrac{1}{12}$   D) $\dfrac{1}{16}$   E) $\dfrac{1}{24}$

18. $f(x) = x \cdot \sqrt{x^3 + 8} \Rightarrow f'(2) = ?$

A) $\dfrac{4}{9}$   B) $\dfrac{5}{2}$   C) $5$   D) $\dfrac{13}{2}$   E) $7$

19. $f(x) = \arctan(\sin x)$

$\cos a = \dfrac{2}{5} \Rightarrow f'(a) = ?$

A) $\dfrac{7}{24}$   B) $\dfrac{5}{23}$   C) $\dfrac{3}{20}$   D) $\dfrac{2}{9}$   E) $\dfrac{1}{25}$

| Answers | | | | | | |
|---|---|---|---|---|---|---|
| 1. C | 2. A | 3. E | 4. C | 5. D | 6. C |
| 7. D | 8. A | 9. B | 10. E | 11. A | 12. B |
| 13. E | 14. A | 15. C | 16. E | 17. E | 18. E |
| 19. B | | | | | | |

**Chapter 16**      **The Derivative**

## Test 8

1. $f(x) = \arcsin(\tan x)$

   $\tan \theta = \dfrac{1}{3} \Rightarrow f'(\theta) = ?$

   A) $\dfrac{5\sqrt{2}}{6}$   B) $\dfrac{5\sqrt{3}}{3}$   C) $\dfrac{5}{6}$   D) $\dfrac{3}{16}$   E) $\dfrac{4}{9}$

2. $f(x) = e^{\sin(\ln x)} \Rightarrow f'(1) = ?$

A) 1    B) 2    C) $\frac{1}{e}$    D) $e$    E) $\pi$

3. $f(x) = x^{\sin x} \Rightarrow f'\left(\frac{\pi}{2}\right) = ?$

A) $\frac{-\pi}{4}$    B) $\frac{-\pi}{3}$    C) $\frac{-\pi}{2}$    D) 1    E) $\frac{3\pi}{2}$

4. $y = e^x \cdot e^{\ln x} \Rightarrow \frac{dy}{dx} = ?$

A) $e^x(x+1)$    B) $\frac{e^x}{x}$    C) $\frac{e^x \ln x}{x}$

D) $e^x(x+1)$    E) $e^x\left(1 + \frac{1}{x}\right)$

5. $f(x) = (e^x)^{e^x} \Rightarrow f'(\ln 2) = ?$

A) 24    B) 12    C) $4 + \ln 64$    D) $8 + \ln 256$    E) $64\ln 2$

6. $y^x = e^{x+y} \Rightarrow \frac{dy}{dx} = ?$

A) $\frac{y}{y-x}$    B) $\frac{y^2}{x(y-x)}$    C) $\frac{y^2}{y(y-x)}$

D) $\dfrac{y^2}{y(x-y)}$  E) $\dfrac{2y}{xy(1-x)}$

7. $xy = (x+y)^2 \Rightarrow \dfrac{dy}{dx} = ?$

A) $-\dfrac{2x+y}{x+2y}$  B) $\dfrac{x-y}{x+y}$  C) $\dfrac{y-2x}{2y-x}$

D) $\dfrac{2xy}{x+y}$  E) $\dfrac{x+y}{y-2x}$

8. $f(x) = \dfrac{2}{x^2+1} \Rightarrow \lim\limits_{h \to 0} \dfrac{f(-4+h)-f(-4)}{h} = ?$

A) $\dfrac{4}{17}$  B) $\dfrac{6}{54}$  C) $\dfrac{12}{108}$  D) $\dfrac{16}{225}$  E) $\dfrac{16}{289}$

9. $f(x) = \dfrac{1}{x-1} \ (x \neq 1) \Rightarrow \lim\limits_{t \to 0} \dfrac{f(t-2)-f(-2)}{t} = ?$

A) $-\dfrac{1}{3}$  B) $-\dfrac{1}{6}$  C) $-\dfrac{1}{9}$  D) $\dfrac{1}{3}$  E) $\dfrac{1}{9}$

10. $\begin{cases} x = t - t^3 \\ y = 1 - t \end{cases} \Rightarrow \dfrac{dy}{dx}\bigg|_{t=1} = ?$

A) $\dfrac{-2}{5}$   B) $-\dfrac{1}{2}$   C) 0   D) $\dfrac{1}{2}$   E) 1

11. $\begin{cases} x = t^3 - 4t \\ y = t^3 \end{cases}$ ⇒ $\dfrac{d^2y}{dx^2}\bigg|_{t=1} = ?$

A) 6   B) 9   C) 12   D) 18   E) 24

12. $\begin{cases} x = \cos t \\ y = \sin t \end{cases}$ ⇒ $\dfrac{d^2y}{dx^2} = ?$

A) $\tan t \sec(t)$        B) $\cot(t)$          C) $-\sec^3 t$

D) $\tan^2 t$              E) $4 - \csc^3 t$

13. $y = \log(2x+1)$ ⇒ $\dfrac{dy}{dx} = ?$

A) $\dfrac{2}{2x+1}$      B) $\dfrac{2}{2x+1} \cdot \ln 10$      C) $\dfrac{2\log e}{2x+1}$

D) $\dfrac{2}{(2x+1)^2}$   E) $\dfrac{\log e}{2x+1}$

14. $y = x^{\ln 3}$ ⇒ $\dfrac{dy}{dx} = ?$

A) $\ln 3 \cdot x^{\ln\frac{3}{e}}$   B) $\dfrac{\ln 3}{x}$   C) $\dfrac{\ln^2 3}{x}$

D) $\dfrac{\ln\frac{3}{e}}{x}$   E) $\dfrac{1}{x^{\ln 3}}$

15. $y = \ln x^3 + \ln^3 x \Rightarrow \dfrac{dy}{dx} = ?$

A) $\dfrac{3(1 + \ln x)}{x}$   B) $\dfrac{3(1 + \ln^2 x)}{x}$   C) $\dfrac{1 + \ln^2 x}{x^2}$

D) $\dfrac{3\ln x}{x}$   E) $\dfrac{3(x + \ln x)}{x}$

16. $y = \ln[(x^2 + 2)^2 \cdot (x^3 + x - 1)] \Rightarrow \dfrac{dy}{dx}\bigg|_{x=2} = ?$

A) $\dfrac{37}{9}$   B) $\dfrac{8}{3}$   C) $\dfrac{25}{9}$   D) 3   E) 4

17. $y = \ln^2(2x + 3) \Rightarrow \dfrac{dy}{dx}\bigg|_{x=3} = ?$

A) $\dfrac{\ln 3}{9}$  B) $\dfrac{4\ln^3}{9}$  C) $\dfrac{8}{9}$  D) $\dfrac{16}{27}$  E) $\dfrac{8\ln 3}{9}$

18. $y = \log_3(3x+1) \Rightarrow \dfrac{dy}{dx} = ?$

A) $\dfrac{3\log_3 e}{3x+1}$  B) $\dfrac{3}{3x+1}$  C) $\dfrac{3\ln 3}{3x+1}$

D) $\dfrac{\log_3 9}{3x+1}$  E) $\dfrac{27}{3x+1}$

19. $f(x) = (x^2+1)\cdot \ln(2x+1) \Rightarrow f'(1) = ?$

A) $\dfrac{\ln 81 + 4}{3}$  B) $\dfrac{\ln 729 + 4}{9}$  C) $\dfrac{\ln 243 + 4}{3}$

D) $\dfrac{2\ln(27\cdot e^2)}{3}$  E) $\dfrac{\ln(27\cdot e^2)}{9}$

|  | Answers |  |  |  |  |
|---|---|---|---|---|---|
| 1. A | 2. A | 3. D | 4. A | 5. D | 6. B |
| 7. A | 8. E | 9. C | 10. E | 11. E | 12. E |
| 13. C | 14. A | 15. B | 16. C | 17. E | 18. A |
| 19. D | | | | | |

Chapter 16     The Derivative

# Test 9

1. $y = \sqrt{4 + \ln x} \quad \Rightarrow \quad \dfrac{dy}{dx} = ?$

A) $\dfrac{1}{\sqrt{4 + \ln x}}$  B) $\dfrac{1}{x\sqrt{4 + \ln x}}$  C) $\dfrac{1}{2x\sqrt{4 + \ln x}}$

D) $\dfrac{2x}{\sqrt{4 + \ln x}}$  E) $\dfrac{x}{2x\sqrt{4 + \ln x}}$

2. $x^3 + 4xy^2 - y^4 - 27 = 0 \quad \Rightarrow \quad \dfrac{dy}{dx} = ?$

A) $\dfrac{3x^2 - 4y^2}{4y^3 + 8xy}$  B) $\dfrac{3x^2 + 4y^2}{4y^3 - 8xy}$  C) $\dfrac{x^2 + 2y^2}{2y^2 - 4xy}$

D) $\dfrac{3x^2 + 4y^2}{4y^3 + 8xy^2}$  E) $\dfrac{3x^2 + 4y^2}{4y^4 - 8x^2y}$

3. $y = x^x \quad \Rightarrow \quad \dfrac{dy}{dx} = ?$

A) $x^x \cdot \ln x$  B) $(\ln x + 2) \cdot x^x$  C) $x^x \cdot \ln(ex)$

D) $x^x \cdot (1 - \ln x)$  E) $x^x \cdot \ln(e^2 x)$

4. $y = e^x \cdot x^{3x} \quad \Rightarrow \quad \dfrac{dy}{dx} = ?$

A) $e^x \cdot x^{3x} \cdot (4 + 3\ln x)$    B) $e^x \cdot x^{3x} \cdot (3 + \ln x)$

C) $x^{3x} \cdot (4 + \ln x)$    D) $e^x \cdot x^{3x} \cdot (1 + 4\ln x)$

E) $4 \cdot x^{3x} \cdot e^x \cdot \ln x$

5. $f(x) = x^{2x} \Rightarrow f'(2) = ?$

A) 64    B) 32    C) $16(\ln 2 + 1)$

D) $32(\ln 2 + 1)$    E) $64(\ln 2 + 1)$

6. $y^2 = e^{x+y} \Rightarrow \dfrac{d^2 y}{dx^2} = ?$

A) $\dfrac{2y}{(2-y)^2}$    B) $\dfrac{y}{(2+y)^2}$    C) $\dfrac{y^2}{(2-y)^3}$

D) $\dfrac{4y}{(2-y)^4}$    E) $\dfrac{y^2 + 2y}{(2+y)^3}$

7. $f(x) = \dfrac{\sqrt{1 + 2x} - (1 + x)}{x^2} \Rightarrow \lim\limits_{x \to 0} f(x) = ?$

A) 1    B) $\dfrac{2}{3}$    C) $\dfrac{1}{2}$    D) $-\dfrac{1}{2}$    E) $-\dfrac{1}{4}$

8. $f(t) = \dfrac{\sqrt[3]{1+3t} - (1+t)}{t^2}$

$\Rightarrow \lim\limits_{t \to 0} \dfrac{\sqrt[3]{1+3t} - (1+t)}{t^2} = ?$

A) $-\dfrac{5}{2}$   B) $-\dfrac{3}{2}$   C) $-\dfrac{1}{2}$   D) $-1$   E) $\dfrac{5}{2}$

9. $f(x) = \dfrac{2\sin^2 x}{1 - \cos x}$

$\Rightarrow \lim\limits_{h \to 0} \dfrac{f(h) - f(0)}{h} = ?$

A) 0   B) 1   C) 2   D) 3   E) 4

10. $\lim\limits_{x \to \frac{\pi}{2}} \dfrac{1 - \sin x}{\cos x} = ?$

A) $-\dfrac{1}{2}$   B) $-1$   C) 0   D) $\dfrac{1}{2}$   E) 1

11. $\lim\limits_{x \to \pi} \dfrac{\cos \frac{x}{2}}{x - \pi} = ?$

A) 2  B) $\frac{3}{2}$  C) 1  D) –1  E) $-\frac{1}{2}$

12. $\lim\limits_{x \to \pi} \dfrac{1 + \cos x}{\sin^2 x} = ?$

A) $-\dfrac{1}{2}$  B) 0  C) $\dfrac{1}{2}$  D) $\dfrac{1}{4}$  E) $\dfrac{1}{8}$

13. $\lim\limits_{x \to 0} \sin 4x \cdot \cot 2x = ?$

A) $\dfrac{1}{24}$  B) $\dfrac{1}{12}$  C) $\dfrac{1}{4}$  D) 2  E) 3

14. $\lim\limits_{x \to 0} \dfrac{4 \sin 9x}{3x} = ?$

A) $\dfrac{1}{12}$  B) $\dfrac{1}{6}$  C) 6  D) 9  E) 12

15. $\begin{cases} y = t^3 + t \\ x = t^3 + 1 \end{cases} \Rightarrow \left.\dfrac{d^2 y}{dx^2}\right|_{x=2} = ?$

A) $-\dfrac{2}{9}$  B) $-\dfrac{1}{18}$  C) $\dfrac{2}{3}$  D) $\dfrac{1}{6}$  E) $\dfrac{2}{9}$

16. $\lim\limits_{x \to \frac{\pi}{4}} \dfrac{\sin x - \cos x}{\cos^2 x - \sin^2 x} = ?$

A) $-\sqrt{2}$  B) $-\dfrac{\sqrt{2}}{2}$  C) $-\dfrac{1}{2}$  D) $\dfrac{\sqrt{2}}{2}$  E) $\sqrt{2}$

17. $\lim\limits_{x \to 2} \dfrac{\ln x - \ln 2}{x^2 - 4} = ?$

A) 1  B) $\dfrac{1}{2}$  C) $\dfrac{1}{4}$  D) $\dfrac{1}{8}$  E) $\dfrac{1}{16}$

18. $e^{-x^3} \dfrac{d^2}{dx^2}\left(x^2 e^{x^3}\right) = ?$

A) $9x^6 + 18x^3 + 2$   B) $9x^6 + 6x^4 + 12x^3 + 2$

C) $12x^5 + 9x^3 + 4$   D) $18x^6 + 9x^3 + 2$

E) $2x^6 + 4x^5 + 12x^4 + 9x^3$

19. $f(x) = \sin 6x \cdot \cos 6x \Rightarrow f'\left(\dfrac{\pi}{12}\right) = ?$

A) $-12$   B) $-6$   C) 0   D) 6   E) 12

20. $\lim_{x \to \pi} (x - \pi) \cdot \csc x = ?$

A) $-1$   B) $-\dfrac{1}{2}$   C) $0$   D) $\dfrac{1}{2}$   E) $1$

21. $y = \sin\left(\dfrac{2x - 1}{x + 1}\right)$

$x = \dfrac{\pi + 2}{4 - \pi} \Rightarrow \dfrac{dy}{dx} = ?$

A) $\dfrac{(4 - \pi)^2}{12}$   B) $\dfrac{(4 + \pi)^2}{18}$   C) $\dfrac{(2 - \pi)^3}{6}$

D) $\dfrac{\pi + 2}{6}$   E) $\dfrac{\pi - 4}{6}$

| Answers | | | | | |
|---|---|---|---|---|---|
| 1. C | 2. B | 3. C | 4. A | 5. D | 6. A |
| 7. D | 8. C | 9. E | 10. C | 11. D | 12. A |
| 13. D | 14. E | 15. A | 16. B | 17. D | 18. A |
| 19. B | 20. A | 21. A | | | |

www.ingramcontent.com/pod-product-compliance
Lightning Source LLC
Chambersburg PA
CBHW051539240526
45465CB00028B/1557